Reinhard Paesler

Stadtgeographie

Geowissen kompakt

Herausgegeben von
Hans-Dieter Haas

Reinhard Paesler

Stadtgeographie

Die Deutsche Nationalbibliothek verzeichnet diese Publikation
in der Deutschen Nationalbibliografie;
detaillierte bibliografische Daten sind im Internet über
http://dnb.d-nb.de abrufbar.

Die Herausgabe des Werkes wurde durch
die Vereinsmitglieder der WBG ermöglicht.
Redaktion: Katrin Kurten
Satz: Lichtsatz Michael Glaese GmbH, Hemsbach
Umschlaggestaltung: schreiberVIS, Seeheim
Gedruckt auf säurefreiem und alterungsbeständigem Papier
Printed in Germany

www.wbg-darmstadt.de

ISBN 978-3-534-15629-0

Inhalt

Vorwort

Das vorliegende Lehrbuch ist als kurz gefasste Einführung in die wesentlichen Inhalte und Themenbereiche der Stadtgeographie gedacht. Zielgruppen sind vor allem Anfänger in den unterschiedlichen geographischen Studiengängen sowie Nebenfachstudierende, denen mit Hilfe dieses Bandes **stadtgeographisches Basiswissen** vermittelt bzw. die **fachsprachliche Begrifflichkeit** nahe gebracht werden soll. Aber auch Lehrer und Schüler der Sekundarstufe bzw. des Leistungskursfaches Erdkunde, Studierende der Raumplanung und natürlich alle, die an Strukturen und Entwicklungen von Städten interessiert sind, zählen zum Adressatenkreis dieses Lehrbuches. Der Band kann insofern eine Ergänzung zu den umfangreicheren stadtgeographischen Lehr- und Handbüchern darstellen, die zur Zeit auf dem Markt sind. Auf diese wird in den entsprechenden Kapiteln verwiesen.

Der Band geht einerseits auf „etablierte" Erkenntnisse, Theorien und Modelle ein, wie beispielsweise die Modelle von CHRISTALLER (Zentrale Orte), BOUSTEDT (Stadtregion) oder der Chicagoer Schule (Stadtstrukturmodelle), die bis heute zum **Grundbestand stadtgeographischen Wissens** gehören; er berücksichtigt aber selbstverständlich ebenso **aktuelle Forschungsfragen** und Themen der theoretischen wie der angewandten Stadtforschung von heute. Inhaltlich ist der Band zweigeteilt: Zunächst wird die **Stadt im Siedlungsraum**, ihre Stellung in Städtesystemen, ihr Verhältnis zum ländlichen Raum und zu ihrem Umland betrachtet. Der zweite Teil geht auf die **Stadt in ihrer inneren Gliederung**, ihrer Struktur und ihrer Ausprägung im Rahmen von Städtetypen ein.

Das Buch entstand als Ergebnis einer längeren Lehr- und Forschungstätigkeit am Institut für Wirtschaftsgeographie der Universität München. Vor allem der ehemalige Institutsdirektor, Herr Prof. em. Karl Ruppert, förderte sehr stark stadtgeographische Arbeiten; vom derzeitigen Lehrstuhlinhaber, Herrn Prof. Hans-Dieter Haas als Herausgeber dieser Lehrbuchreihe, erhielt ich viele wertvolle Hinweise. Beiden gilt mein herzlicher Dank. Den übrigen Professoren und Mitarbeitern des Instituts verdanke ich viele Anregungen bei Kolloquien und wissenschaftlichen Diskussionen, und nicht zuletzt verdient der Kartograph Herr Heinz Sladkowski Anerkennung für die gewissenhafte und sorgfältige Erstellung der Abbildungen. Schließlich gebührt Herrn Schwieder und der Redaktion der Wissenschaftlichen Buchgesellschaft mein Dank für die Geduld bis zur Fertigstellung und für die sehr angenehme Zusammenarbeit.

München, im Oktober 2007 Reinhard Paesler

1 Die Stadtgeographie als Teildisziplin der Anthropogeographie

Teildisziplinen der Siedlungsgeographie

Gliederungen der **Anthropo- bzw. Humangeographie** enthalten jeweils als eine der „Teilgeographien" die **Siedlungsgeographie** (vgl. z. B. BOBEK 1957; UHLIG 1970; BORSDORF 1999). Diese wiederum wird üblicherweise – entsprechend der althergebrachten groben Untergliederung der Siedlungen in ländliche und städtische – in die **Geographie der ländlichen Siedlungen** und die **Stadtgeographie** bzw. Geographie der städtischen/urbanen Siedlungen oder der **urbanen Räume** (GAEBE 2004) gegliedert. Aber nicht nur die Geographie beschäftigt sich mit dem Phänomen Stadt. Die Stadtgeographie ist gleichzeitig auch eine der Teildisziplinen der **Stadtforschung**, zu der auch Stadtsoziologie, Stadtökonomie, Stadtökologie, Stadtgeschichte, Städtestatistik und andere Wissenschaften beitragen, zusätzlich im Bereich der angewandten Wissenschaften Stadtplanung, Architektur und Städtebau (vgl. Abb. 1.1).

Selbstverständlich ist zwischen diesen verschiedenen Teildisziplinen **keine strenge Abgrenzung** möglich, auch nicht wünschenswert, da sie sich gegenseitig stark befruchten. Teilweise werden ähnliche oder sogar gleiche Fragestellungen die Stadt betreffend von zwei oder mehr der genannten Wissenschaften aufgegriffen, aber durchaus differenziert analysiert und beantwortet, entsprechend dem **unterschiedlichen Forschungsinteresse** und der **verschiedenen Forschungsmethoden** der jeweiligen Wissenschaften. So lässt sich etwa die Frage der Bevölkerungszusammensetzung einer Stadt sowohl aus geographischem („Stadtgeographie") als auch aus soziologischem („Stadtsoziologie") Blickwinkel betrachten, und die Städtestatistik kann die gleiche Frage aus statistisch-methodischer Sicht behandeln. Die Ergebnisse tragen gleichermaßen zur Erforschung des Phänomens Stadt bei, wobei im Rahmen geographischer Untersuchungen natürlich immer der räumliche Aspekt im Vordergrund steht. Die Abbildung zeigt anschaulich die Überlappung der Forschungsgebiete einiger der Wissenschaften, die sich mit der Stadt als Siedlungskörper befassen.

Stadtgeographie als Pionierdisziplin

Bei einer Betrachtung der **Disziplingeschichte der Geographie als Wissenschaft** – hier speziell auf den deutschsprachigen Bereich bezogen – zählt die Stadtgeographie (zunächst als Teil der Siedlungsgeographie) zu denjenigen Teilgebieten, mit denen sich Pioniere der Geographie schon gegen **Ende des 19. Jahrhunderts** und in der Zeit **bis zum Ersten Weltkrieg** beschäftigten. Namen von Forschern aus jener Zeit sind Ferdinand von Richthofen, Friedrich Ratzel, Alfred Hettner, Otto Schlüter, Kurt Hassert, Hugo Hassinger, Ernst Oberhummer (vgl. HOFMEISTER 1999, S. 8f.). Als erstes deutschsprachiges Lehrbuch der Stadtgeographie gilt das Werk „Die Städte geographisch betrachtet" von K. HASSERT (1907).

Historisch-genetische und physiognomische Stadtforschung

Thematische Schwerpunkte der Stadtgeographie waren in dieser Anfangszeit Fragen der **Genese** und der **Lage von Städten** – in der Natur- wie in der Kulturlandschaft. Oftmals wurde in enger Zusammenarbeit mit Historikern den Entstehungsbedingungen, den Standortfaktoren und der topographischen Lage von Städten nachgegangen. Vor allem der natürlichen Lage maß

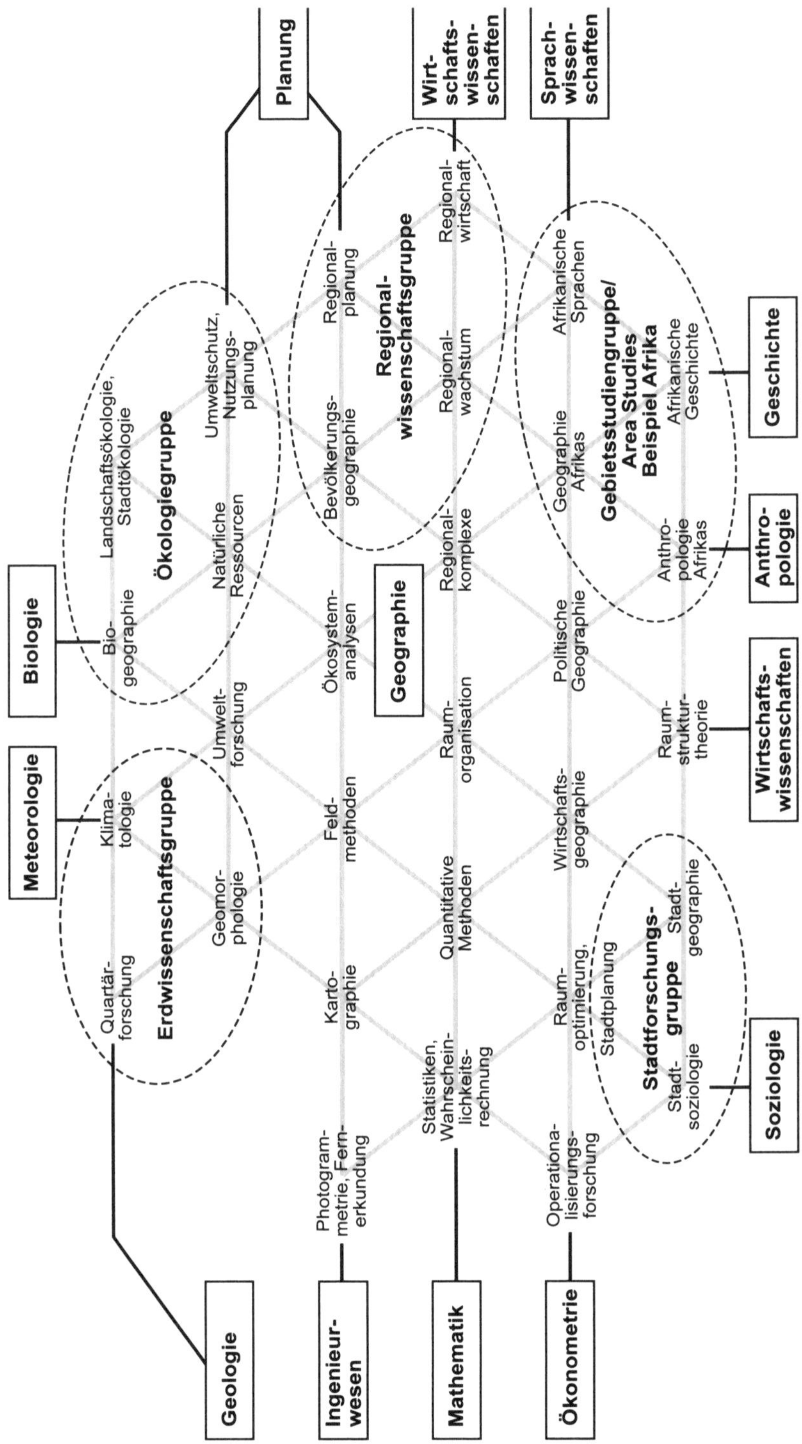

Abb. 1.1: Die Stadtgeographie im Verbund wissenschaftlicher Fragestellungen (verändert nach BORSDORF 1999).

man großes Gewicht bei. Vielfach wurden Abhängigkeiten vom Relief, vom Klima und von den hydrographischen Gegebenheiten behauptet, die später als **„Geodeterminismus"** kritisiert wurden. In einer weiteren Forschungsrichtung der Stadtgeographie – HOFMEISTER (1999, S. 9) spricht von einer „morphologischen" oder „physiognomischen Phase" – wurden schwerpunktmäßig die äußere Stadtgestalt sowie Grundriss- und Aufrissformen der Stadt untersucht. Führend war hier O. SCHLÜTER (1906), der den Begriff der **„Morphologie der Kulturlandschaft"** prägte und in der Analyse des äußeren Erscheinungsbildes des städtischen wie des ländlichen Raumes die wichtigste Aufgabe der Kulturgeographie sah.

Funktionale Stadtforschung

Eine bedeutende Zäsur in der stadtgeographischen Forschung deutete sich mit der Arbeit von BOBEK (1927) über *Grundfragen der Stadtgeographie* an. Die physiognomisch ausgerichtete Forschung über Städte beurteilte BOBEK als zu einseitig; stattdessen legte er den Schwerpunkt auf die **räumliche Verflechtung** der menschlichen Lebensbereiche in der Stadt, auf die **wirtschaftliche Bedeutung** der Städte, auf ihre **Funktionen** und deren **Reichweiten**. Das bedeutendste und in seinen Auswirkungen weitreichendste Werk dieser Zeit, später als „funktionale Phase" der Stadtgeographie bezeichnet, war zweifellos die Arbeit von CHRISTALLER (1933) über *Die zentralen Orte in Süddeutschland.* Mit diesem ersten Entwurf eines funktionsräumlichen Modells wurde nicht nur eine Theorie der städtischen Funktionen, der städtischen Einzugsgebiete und der Verteilung der Städte im Raum, sondern auch eine **wirtschaftsgeographische Standorttheorie** für den tertiären Sektor entwickelt (vgl. 2.5.1). Seit BOBEK und CHRISTALLER hat die funktionale Betrachtungsweise einen festen Platz in der Stadtgeographie; bei Forschungen zu Stadt-Umland-Beziehungen (vgl. 2.4.2), zum Stadt-Land-Verhältnis (vgl. 2.3), bei Untersuchungen zur innerstädtischen Viertelsbildung (vgl. 3.1.2) oder zu Standortsystemen innerhalb einer Stadt (vgl. 3.2) werden notwendigerweise funktionale Beziehungen und Verflechtungen analysiert.

Internationalisierung der Forschung

Nach dem Zweiten Weltkrieg begann die stadtgeographische Forschung sehr rasch, sich stark auszudifferenzieren, so dass es nicht mehr möglich ist, von einzelnen Phasen zu sprechen. Man kann stattdessen **verschiedene Forschungsrichtungen** und Themenschwerpunkte nennen, die **parallel betrieben** werden. Speziell für die deutsche Stadtgeographie ergab sich erst seit dem Ende des Krieges und der weitgehenden Abschottung gegenüber ausländischen Einflüssen während der Nazi-Herrschaft wieder die Möglichkeit, international aktiv zu werden, Forschungsreisen zu unternehmen und wissenschaftliche Kontakte mit Fachkollegen in anderen Ländern aufzunehmen bzw. wieder zu beleben. Eine Folge war, dass sich deutsche Geographen seit den 1950er Jahren verstärkt dem vergleichenden Studium von Städten in ausländischen bzw. außereuropäischen Kulturkreisen zuwandten (USA, Lateinamerika, Orient, Japan u. a.; vgl. 3.5.2) und vor allem in den 1960er bis 1980er Jahren eine Vielzahl von Studien zur **international vergleichenden Stadtstruktur- und Stadtentwicklungsforschung** verfassten; im Übrigen lässt sich seit dieser Zeit nicht mehr von spezifisch deutschen Entwicklungslinien der Stadtgeographie sprechen, da in der Gegenwart Forschungsthemen und -methoden internationalisiert sind.

Wissenschaftssprache Englisch

Eine seit dem Zweiten Weltkrieg festzustellende Tendenz, die sich vor allem ab den 1970er Jahren erheblich verstärkt hat, ist der **wachsende Einfluss** englischsprachiger, insbesondere **US-amerikanischer Wissenschaftler**, die häufig als „Trendsetter" für neue Forschungsrichtungen auftreten. Verstärkt wird diese Entwicklung natürlich durch den wachsenden Einfluss der englischen Sprache als internationale Wissenschaftssprache (im Bereich der Stadtgeographie vor allem auf Kosten der französischen und deutschen Sprache). Dieser führt dazu, dass auch in Deutschland, in Frankreich, im skandinavischen Raum und in Südeuropa rasch **zunehmend in englischer Sprache publiziert** wird. Seit dem Zerfall des „Sowjetblocks" hat auch in Ostmittel- und Südosteuropa das Englische die russische Sprache als Wissenschaftssprache weitgehend verdrängt. Um sich über die Fortschritte der Wissenschaft aktuell zu informieren, ist es daher auch in der Stadtgeographie heute unumgänglich, die **englischsprachige Fachliteratur** heranzuziehen.

Qualitative vs. quantitative Forschungsmethoden

Eine weitere international zu beobachtende Entwicklung ist auch in der Stadtgeographie – wie in der gesamten geographischen Wissenschaft – der im Zusammenhang mit dem Aufkommen der elektronischen Datenverarbeitung **stark zunehmende Einsatz quantitativer** gegenüber den vorher dominierenden **qualitativen Arbeitsmethoden**. Allerdings hat sich zuletzt ein gewisses **Gleichgewicht** eingependelt. Nach einer Zeit des dominierenden und nicht selten übertriebenen Einsatzes EDV-gestützter quantitativer Forschungsmethoden, die gelegentlich zum Selbstzweck geworden zu sein schienen, gewinnen seit einigen Jahren qualitative Forschungen wieder erheblich an Boden.

Sozialgeographischer Forschungsansatz

Einen großen Einfluss auf die Entwicklung der Stadtgeographie hatte der sozialgeographische Forschungsansatz. In Deutschland und Österreich waren es vor allem Autoren wie Bobek, Hartke, Schöller, Lichtenberger, Ruppert, Schaffer und Stewig, die den Blick auf die Akteure stadtgeographischer Entwicklungsprozesse richteten und das raumwirksame Handeln sozialer bzw. sozialgeographischer Gruppen innerhalb der Stadt analysierten. Insbesondere Studien zur **sozialräumlichen Gliederung von Städten**, zu Segregationsvorgängen, zum Einfluss ethnischer, religiöser und anderer Minoritäten auf die Stadtentwicklung spielen seitdem eine große Rolle (vgl. 3.1.3). Auch Studien zur Raumbewertung, zum **Image von Städten**, zu differenzierten **„mental maps"** bei verschiedenen Sozialgruppen gehören in diesen Bereich sozialgeographischer Stadtforschung, wobei selbstverständlich enge Beziehungen zu Forschungsarbeiten von Stadtsoziologen bestehen. Ebenso ist in diesem Zusammenhang die **Gender-Forschung** zu nennen. Hier stehen im Hinblick auf das Leben und Arbeiten in der Stadt der geschlechtsspezifische Aspekt der Stadtbewohner und das eventuell unterschiedliche Verhalten von Frauen und Männern im Vordergrund.

Funktionaler Forschungsansatz

Der funktionale Forschungsansatz wurde vor allem in Fortführung und Erweiterung des Modells von Walter Christaller weiter verfolgt (vgl. 2.5.1). Die **Zentrale-Orte-Theorie** war den meisten deutschen Geographen erst in den 1950er Jahren auf dem Umweg über englischsprachige Literatur bekannt geworden. Trotzdem setzte rasch eine intensive wissenschaftliche Beschäftigung mit dem Modell ein, die bald zu Versuchen führte, über Bestandsaufnahmen von Zentralen Orten und ihren Einzugsgebieten (z.B. Kluczka 1970) zur **praktischen Anwendung im Bereich der Raumordnung, Regional- und Landesplanung** zu kommen (vgl. 2.5.1.2). Inzwischen sind zentralörtliche Modelle als Instrumente der Landesplanung in vielen in- und ausländischen Raumordnungs- und Landesentwicklungsplänen vertreten.

Forschungsansatz Stadt – Umland

Eine ähnliche Praxisnähe wiesen (und weisen bis heute) Forschungen zum Thema Stadtregion, Stadtumland, Suburbanisierung usw. auf (vgl. 2.4). Die bald nach dem Zweiten Weltkrieg sich verstärkenden Prozesse der Bildung und Vergrößerung von **großstädtischen Agglomerationen** und von sozio-ökonomisch intensiv verflochtenen Stadt-Umland-Bereichen sowie von rasch fortschreitender **Suburbanisierung** der Bevölkerung und der Wirtschaft regten eine Erforschung dieser Phänomene von **Verstädterung** und **Urbanisierung** an und führten zu vielfachen Versuchen von Modellbildungen (z. B. Boustedt 1967), aber auch zur Mitarbeit von Stadtgeographen in der Raumplanung. Ebenso war bei den Gemeindegebietsreformen in den 1970er Jahren stadtgeographische Expertise dort gefragt, wo es um Eingemeindungen, Gemeindeneugliederungen am (Groß-)Stadtrand und im stadtnahen ländlichen Raum sowie um die Organisation und den räumlichen Zuschnitt von Stadt-Umland-Verbänden ging.

Forschungsansatz Standorttheorien

Studien zu innerstädtischen Wirtschaftsstandorten (Industriestandorte, Büro- und Einzelhandelsstandorte) wurden häufig aufgrund von Entwicklungen angeregt, durch die die traditionellen **Standortstrukturen und -verteilungen** obsolet wurden (vgl. 3.2). Zunächst verließen vor allem Industrien ihre alten Standorte in den Innenstädten und innenstadtnahen Vororten und wanderten an den Stadtrand und in das Stadtumland (vgl. 2.4.1.2); ihnen folgten Gewerbe des tertiären Sektors, vor allem des Einzelhandels, aber auch z. B. der Banken und Versicherungen (vgl. 2.4.1.3), und veranlassten eine Vielzahl von Fragen nach Ursachen und Auswirkungen. Für Stadtgeographen ist somit ein breit gefächertes Forschungsfeld entstanden (z. B. Decker 1984; Heinritz 1999). Aber nicht nur bei der **Standortforschung und -planung**, auch im Bereich der **Verkehrsplanung** und generell bei Fragen der **Stadtentwicklung** zeigt sich die große Nähe der Stadtgeographie als stark angewandt arbeitende Wissenschaft zu Gebieten wie Städtebau, Stadtplanung und Architektur.

Forschungsansatz Wirtschaft

Bei der wirtschaftlichen Betrachtung der Städte (z. B. Untersuchung der **ökonomischen Funktionen einer Stadt**, vgl. 3.4) standen bis in die 1990er Jahre die als besonders stadttypisch geltenden Wirtschaftsbereiche wie Industrie, Handwerk, Groß- und Einzelhandel, Verkehrswesen, Finanzdienstleistungen u. Ä. im Vordergrund. Erst in den letzten Jahren rückte auch der **Tourismus** als ein für viele Städte wichtiger Wirtschaftsbereich in den Fokus stadtgeographischer Forschung. So sind in den letzten Jahren Themen wie Städtetourismus und seine Grundlagen, die ökonomische Bedeutung des Kulturtourismus einerseits, des Kongress- und Messetourismus und des Geschäftsreiseverkehrs auf der anderen Seite, zunehmend auch von Geographen – neben Tourismus- und Wirtschaftswissenschaftlern – aufgegriffen worden. Schließlich sei erwähnt, dass **Stadtmarketing**, d. h. die „Vermarktung" einer Stadt für Gewerbeansiedlungen, aber auch als touristische Destination und für zuziehende Wohnbevölkerung unter dem Aspekt von Wirtschafts- und Bevölkerungsrückgängen, seit einigen Jahren ein stadtgeographisches Thema ist.

2 Die Stadt in der Kulturlandschaft

Aufbau des Kapitels

In diesem Kapitel wird die Stadt, ungeachtet ihrer vielfältigen Erscheinungsformen und regional differenzierten Ausprägungen, als **Siedlungseinheit** gesehen. Nach Überlegungen zur Frage, was die Stadt als Element der Kulturlandschaft von anderen Siedlungsformen unterscheidet (**Stadtdefinitionen**, 2.1), und einer **Typisierung von Städten** nach ihrer Lage (2.2) wird auf das gegenseitige Verhältnis der beiden grundlegenden Siedlungskategorien **Stadt und Land** eingegangen (2.3), die als Gegensatz gesehen werden können (2.3.1), heute aber eher im Sinne eines Kontinuums gedeutet werden (2.3.2), wobei vielfältige Wechselwirkungen zwischen beiden Kategorien möglich sind (2.3.3–2.3.5). Sodann werden die Beziehungen zwischen der **Stadt** und ihrem **Umland** thematisiert (2.4), die vor allem in den letzten Jahrzehnten zunehmend an Intensität und Vielfalt gewannen. Schließlich werden die Beziehungen von Städten untereinander diskutiert, die sich als hierarchisch aufgebaute oder als netzartige Strukturen darstellen können (2.5). Diese **interurbanen Beziehungen** sind nicht nur auf nationaler und regionaler Ebene relevant (2.5.1), sondern gewinnen zunehmend auch globale Bedeutung (2.5.2.2).

2.1 Stadtbegriff, Stadtdefinition, Charakteristika der Stadt

Begriffsverwendung

Der Begriff „Stadt" wird sowohl umgangssprachlich als auch in der fachwissenschaftlichen Terminologie verwendet (nicht nur in der Geographie, sondern auch z. B. in der Soziologie, der Statistik, der Demographie, der Volkswirtschaftslehre, der Volks- und der Völkerkunde, der Geschichte und Kunstgeschichte usw.). Daher ist es zunächst nötig, sich über den **wissenschaftlichen Begriff „Stadt"** und seinen Gebrauch in der Kultur- bzw. Wirtschafts- und Sozialgeographie klar zu werden, d. h. seine Verwendung in den geographischen Teilwissenschaften, die sich mit dem Phänomen „Stadt" beschäftigen und in denen sich eine eigene „Stadtgeographie" entwickelt hat.

Definitionen zum Begriff „Stadt"

Ein Problem stellt dabei dar, dass „Stadt" auch in der Geographie nicht eindeutig und allgemeingültig definiert wurde. Der Begriff ist, wie im Folgenden gezeigt wird, nur einer sehr abstrakten und verallgemeinernden Definition zugänglich, da jede enge Definition zeitbezogen und regionalspezifisch und damit zeitlichen und räumlichen Veränderungen unterworfen ist (vgl. PAESLER 1976, S. 14 ff.). So stellt SCHWARZ (1989b, S. 487 f.) fest, dass „die Funktionen von Städten … sich nicht unerheblich im Laufe der Zeit" wandelten und dass sich „wichtige Unterschiede zwischen den einzelnen Kulturräumen" zeigen. HOFMEISTER (1999, S. 222) kommt zum Ergebnis, dass es „keinen für alle Zeiten und Länder gültigen Stadtbegriff geben kann". Nach HEINEBERG (2001, S. 23) lässt sich die Stadt „weder im Rahmen der Stadtgeographie noch interdisziplinär und erst recht nicht international oder global eindeutig definieren". Nach ZEHNER (2001, S. 25) ist „die Schwierigkeit, den Stadtbegriff aus geographischer Sicht zu präzisieren, ... darauf zurückzuführen, dass ‚Stadt', ..., in zurückliegenden Epochen und anderen Kulturen durch jeweils verschiedene Einwohnerzahlen, andersartige städtebauliche Leitbilder und unterschiedliche Funktionen geprägt war". Und FASSMANN (2004, S. 39) stellt fest: „Ein Stadtbegriff, der für alle Zeiten, Kulturen und Regionen gilt, bleibt Fiktion und kann in einem gewissen Sinn nur sehr oberflächlich sein." Schließlich konstatieren BÄHR und JÜRGENS (2005, S. 25) unter dem Aspekt internationaler Vergleichbarkeit: „Aufgrund der Vielfalt der Gesichtspunkte, die bei der Definition von Städten heranzuziehen sind, stößt die Operationalisierung des Stadtbegriffs auf große Schwierigkeiten." Im Folgenden soll die Stadt aus den erwähnten unterschiedlichen Blickwinkeln betrachtet werden, wobei jeweils verschiedene Charakteristika des Siedlungskörpers Stadt im Vordergrund stehen (vgl. Abb. 2.1).

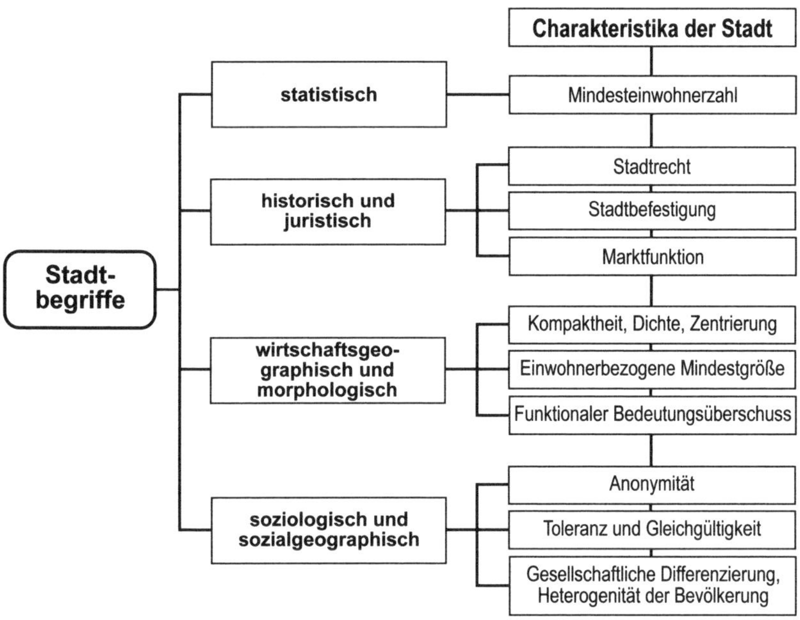

Abb. 2.1: Stadtbegriffe und Charakteristika der Stadt (in Anlehnung an FASSMANN 2004).

2.1.1 Historisch-genetischer und juristischer Stadtbegriff

Funktion Stadtgründung

Aus historisch-genetischer Sicht sind Städte Siedlungen, die in der Regel durch einen **bewussten Gründungsakt eines Grund- oder Landesherren** oder Kolonisators für Zwecke der Machtsicherung und Herrschaftsausübung, der Verwaltung, der Jurisdiktion, des Handels, als Verkehrsknotenpunkt, als geistiger und/oder geistlicher Mittelpunkt eines Territoriums, als Militärstützpunkt u. Ä. gegründet wurden. Insbesondere die Städte in Europa und im europäisch besiedelten bzw. kolonisierten Bereich (z. B. Nord- und

Südamerika, große Teile Afrikas) wurden in der Regel für einzelne oder mehrere dieser Zwecke bewusst gegründet oder wuchsen im Laufe ihrer Entwicklung in diese Funktionen hinein. Besiegelung einer Stadtgründung oder des Abschlusses der Entwicklung einer ländlichen Siedlung (z. B. eines Marktortes) zur Stadt war die **Verleihung des Stadttitels bzw. Stadtrechts**, mit dem das Marktrecht, spezielle Bürgerrechte, Befugnisse der Selbstverwaltung oder ähnliche Privilegien verbunden waren.

Der Stadttitel heute

In Deutschland kann der Stadttitel auch heute noch größeren Siedlungen mit städtischem Charakter auf **Antrag vom Innenministerium** des jeweiligen Bundeslandes verliehen werden, doch gewährt dieser reine Ehrentitel der betreffenden politischen Gemeinde keine besonderen Rechte mehr. Seit der entsprechenden Änderung der deutschen Gemeindeordnung im Jahr 1935 bestehen juristisch gesehen zwischen Städten und sonstigen Gemeinden in Deutschland keine Unterschiede mehr; **das „Stadtrecht" ist inhaltsleer geworden**. Da es einerseits größere stadtähnliche Gemeinden ohne Stadttitel (z. B. der Fremdenverkehrsort Garmisch-Partenkirchen mit mehr als 26.000 Einwohnern), andererseits historische Städte gibt, die durch Bedeutungsverluste im Laufe der Geschichte (z. B. Verlegung eines Verwaltungssitzes, Verlust von Handels- und Verkehrsfunktionen, starker Einwohnerverlust durch Wegfall der wirtschaftlichen Grundlage) ihren städtischen Charakter verloren haben (sog. „Minderstädte", „Zwergstädte" oder „Titularstädte"), ist heute eine Stadtdefinition auf der Basis des juristischen Stadttitels oder der historischen Entwicklung für die Geographie unbrauchbar. Rechtliche Unterschiede in Form differenzierter Aufgaben, Funktionen und Verwaltungsbefugnisse bestehen in der Bundesrepublik Deutschland nur zwischen **kreisfreien Städten** (Stadtkreisen), **kreisangehörigen Gemeinden** und den in einigen Bundesländern institutionalisierten und als solche bezeichneten **„Großen Kreisstädten"** (kreisangehörige Städte mit Teilbefugnissen im Verwaltungsbereich von kreisfreien Städten). In anderen europäischen und insbesondere außereuropäischen Staaten besitzt der Stadttitel dagegen zum Teil auch heute noch administrative Bedeutung.

2.1.2 Morphologischer Stadtbegriff

Formenelemente einer Stadt

Der morphologische Stadtbegriff bezieht sich auf die Gestalt, die **Grund- und Aufrissformen** städtischer Siedlungen, die sich früher, besonders ausgeprägt in agrargesellschaftlicher Zeit, deutlich von ländlichen Siedlungen unterschieden. Im Gegensatz zu Dörfern sind Städte demnach verhältnismäßig kompakte, dicht bebaute Siedlungen mit einem differenzierten Gebäudebestand, der fast ausschließlich nicht-landwirtschaftlichen Zwecken dient. In Europa, aber auch in vielen anderen Kulturkreisen grenzten sie sich ursprünglich häufig durch eine **Verteidigungszwecken dienende Mauer** vom umgebenden ländlichen Raum ab. Typisch für diese Auffassung von Stadt ist die Definition von DÖRRIES (1930), die Stadt sei eine menschliche Ansiedlung „von mehr oder minder planvoller, geschlossener und um einen meist deutlich erkennbaren Kern gruppierter Ortsform mit sehr mannigfaltigem, aus den verschiedensten Formelementen zusammengesetzten Ortsbilde" (zit. nach SCHWARZ 1989b, S. 485).

Auch diese Definition einer Stadt ist in Europa seit längerem unbrauchbar. Einerseits gab es in vielen Ländern schon immer kompakt gebaute und sogar befestigte Dörfer (**Wehrdörfer**, **Burgsiedlungen**), andererseits weichen seit Beginn des Industriezeitalters auch Städte zunehmend vom oben beschriebenen Prototyp ab (z. B. **Gartenstädte**, „Neue Städte" aus der Zeit nach dem Zweiten Weltkrieg, **Städte im suburbanen Raum** am Rand von Großstadtagglomerationen, vgl. 2.4.3). Vor allem Städten, die als Industrie- oder Bergbaustandorte gegründet wurden oder die sich – meist im 19. Jahrhundert – als solche aus ländlichen Siedlungen entwickelten, wie z. B. den meisten Großstädten im Ruhrgebiet, fehlen in der Regel einige der genannten Formenelemente. Der Grundriss und der Aufriss eines Siedlungskörpers lässt daher heute in vielen Fällen **keine eindeutige Unterscheidung** mehr zwischen städtischer und ländlicher Siedlung zu und ist daher ebenfalls nicht mehr geeignet, die Stadt zu definieren.

Bedeutungswandel von Grund- und Aufriss

2.1.3 Statistischer Stadtbegriff

Der statistische Stadtbegriff beruht auf der Überlegung, dass eine Siedlung eine bestimmte **Mindesteinwohnerzahl** besitzen muss, um als Stadt gelten zu können, und dass daher umgekehrt die Einwohnerzahl geeignet ist, eine Siedlung als Stadt zu definieren und bezüglich ihrer Größe zu klassifizieren. So war es in Deutschland bis vor wenigen Jahrzehnten in der Bevölkerungsstatistik üblich, Gemeinden ab 2000 Einwohnern als Städte zu bezeichnen und die folgende Abstufung vorzunehmen: Landstadt (2000 bis unter 5000 Einw.), Kleinstadt (5000 bis unter 20.000 Einw.), Mittelstadt (20.000 bis unter 100.000 Einw.), Großstadt (ab 100.000 Einw.), Weltstadt (ab 1 Mio. Einw.). Auch internationale Vergleiche bezüglich des **Verstädterungsgrades** verwenden in der Regel rein bevölkerungsstatistische Abgrenzungen, um die in Städten wohnende Bevölkerung zu bestimmen. Wegen national unterschiedlicher Schwellenwerte ist jedoch selten Vergleichbarkeit gegeben; so zählt nach dem Demographical Yearbook der UNO in Island eine Siedlung ab 200 Einwohner als Stadt, in Japan ab 50.000 Einwohner. Entsprechend gering ist die Aussagekraft **internationaler Vergleiche** des Verstädterungs- bzw. Urbanisierungsgrades von Staaten, der durch die **Verstädterungsquote** ausgedrückt wird (derjenige Anteil der Bevölkerung eines Landes an der Gesamtbevölkerung, der in Städten lebt).

Bewertung nach Einwohnerzahl

In Deutschland sind statistische Abgrenzungen von Städten auf der Basis von Einwohnerzahlen spätestens seit den Verwaltungs- und speziell den Gemeindegebietsreformen der 1970er Jahre nicht mehr brauchbar. Durch die vielfach erfolgte **Eingemeindung ländlicher Siedlungen** in Städte bzw. die verwaltungsmäßige **Zusammenlegung von Dörfern** zu neuen politischen Gemeinden mit Land- bis Kleinstadtgröße ist in den meisten Flächenländern der Bundesrepublik Deutschland keine Übereinstimmung mehr zwischen **Verwaltungseinheit** und **Siedlungsstruktur** gegeben. Die Einwohnerzahl kleiner bis mittelgroßer Gemeinden sagt in vielen Fällen nichts mehr über den Status als Stadt- oder Landgemeinde aus. Auch im Umland größerer Städte sind Zweifel angebracht, ob gewisse suburbane Gemeinden mit der

Bedeutungswandel der Einwohnerzahl

Einwohnerzahl einer Klein- bis Mittelstadt tatsächlich als Stadt bezeichnet werden sollten (vgl. 2.4.3).

2.1.4 Wirtschafts- und sozialgeographischer Stadtbegriff

Faktor Erwerbstätige je Wirtschaftssektor

Der wirtschafts- und sozialgeographische Stadtbegriff geht seit jeher von den **wirtschaftlichen Funktionen** einer Siedlung aus sowie von den Personen bzw. sozialen Gruppen, also den **Akteuren**, die diese Funktionen ausüben. Liegen sie überwiegend im sekundären und tertiären Wirtschaftssektor – gemessen an Zahl und Anteil der am Ort wohnhaften Erwerbstätigen und/oder der Beschäftigten in Arbeitsstätten des betreffenden Ortes – konnte man früher zweifellos von „Stadt“ im Gegensatz zur landwirtschaftlich strukturierten ländlichen Gemeinde sprechen. Infolgedessen wurde in der Vergangenheit auch in Deutschland häufig der Anteil der Erwerbstätigen in der Landwirtschaft (**Agrarerwerbsquote**) oder der Anteil der landwirtschaftlichen an allen Arbeitsplätzen einer Gemeinde herangezogen, um mittels zeitlich und regional unterschiedlicher Schwellenwerte Siedlungen dem städtischen, dem suburbanen oder dem ländlichen Bereich zuzuordnen. Noch Boustedt (1967) verwendete die Agrarerwerbsquote auf Gemeindebasis, um die verschiedenen Zonen in dem von ihm entwickelten **Stadtregionsmodell** gegeneinander abzugrenzen (vgl. 2.4.5.5).

Bedeutungswandel der Agrarerwerbsquote

Heute eignet sich in Deutschland und in weiten Teilen des EU-Raumes die Agrarerwerbsquote nicht mehr als ein die Stadt und das Land unterscheidendes Merkmal, da sie durch den **wirtschaftlichen Strukturwandel** auch in ländlichen Räumen in der Regel auf extrem niedrige Werte abgesunken ist. Auch unter der dortigen Wohnbevölkerung überwiegen heute bei weitem solche Bevölkerungsgruppen, die in nicht-landwirtschaftlichen Berufen arbeiten. Teils sind es **Auspendler in gewerbliche Arbeitsstätten benachbarter Städte**, teils ging der beschäftigungsmäßige Strukturwandel auf die **Ansiedlung gewerblicher Betriebe im ländlichen Raum** zurück, die in den Jahrzehnten nach dem Zweiten Weltkrieg erfolgte.

Merkmale Arbeitsteilung und Bevölkerungsgliederung

Zusätzlich wurde vielfach das in Städten **breit gefächerte Berufsspektrum** als Folge eines hohen Grades an Arbeitsteilung im gewerblichen Sektor und einer relativ großen Einwohnerzahl verwendet, um Stadt und Land zu unterscheiden (vgl. Lindauer 1970). Auch eine **ausgeprägte soziale Schichtung** und eine deutliche Gliederung der Bevölkerung in differenzierte soziale Gruppen (vgl. 3.1.3) im Gegensatz zur in der Regel eher **homogenen Bevölkerungsstruktur ländlicher Siedlungen** wurde häufig als typisches Merkmal von Städten genannt (vgl. Fassmann 2004, S. 45 ff.).

Zentralörtliche Standortfunktion

Seit Beginn des 20. Jahrhunderts wird zunehmend die **Mittelpunkts- bzw. Versorgungsfunktion** eines Ortes für sein Umland als Merkmal von Städten erkannt und analysiert. W. Christaller (1933) sprach zwar in seiner richtungweisenden **Standorttheorie für Versorgungsfunktionen** in abstrahierender Form von „Zentralen Orten“ als Standorten (vgl. 2.5.1.), betonte aber, dass derartige zentralörtliche Funktionen zu den wichtigsten städtischen Aufgaben gehören: „Hauptberuf – oder auch Hauptmerkmal – der Stadt ist es, Mittelpunkt eines Gebietes zu sein.“ (Christaller 1933, S. 23). D. h. die Stadt ist dadurch gekennzeichnet, dass sie ihr ländliches Umland mit solchen Gütern und Dienstleistungen versorgt, die nicht ubiquitär angeboten werden. Für die Stadt ist also ein **Angebots- bzw. „Bedeutungsüberschuss"** charakteristisch.

Innovationsfunktion

In den ersten Jahrzehnten nach dem Zweiten Weltkrieg wurde von Stadtforschern (z. B. ENNEN 1963, SCHÖLLER 1967, WIRTH 1968, VOPPEL 1970, HOFMEISTER 1971, PAESLER 1976, HOLZNER 1990) zunehmend darauf hingewiesen, dass die Städte ihr Umland nicht nur – wie von CHRISTALLER postuliert – mit Gütern und Dienstleistungen versorgen, sondern auch mit Innovationen. Insofern ist die Stadt als Siedlung zu definieren, die mit **Zentrumsfunktionen** ausgestattet ist und in der **ökonomische, soziale und kulturelle Impulse entwickelt** und weitergegeben werden, in der sich die charakteristischen Merkmale einer Region und einer Epoche am stärksten niederschlagen und am intensivsten fortentwickeln. Die von verschiedensten Autoren immer wieder zur Stadtdefinition herangezogenen Merkmale – wie z. B. relativ große Bevölkerungszahl, hoher Anteil überbauter Flächen und damit relativ geringe Freiflächenanteile, Bedeutung als Verkehrszentrum, arbeitsteilige Wirtschaft, ökonomische und soziale innere Differenzierung, starke Umweltbelastungen, spezifisch „urbane" Lebensform der Bevölkerung, die sich deutlich von der Landbevölkerung unterscheidet – stellen in der Regel nur **Sekundärmerkmale** dar, die auf die genannten städtischen Funktionen zurückgehen und deren Folgen sind (vgl. PAESLER 1976, S. 19 ff.; MAIER et al. 1977, S. 102 ff.).

Schlussfolgerung zum Stadtbegriff

Aus einer derartigen Stadtdefinition, welche auf stadttypischen Funktionen und auf den Akteuren basiert, die diese Funktionen tragen und weiterentwickeln, folgt erstens, dass die Stadt tatsächlich nur sehr **allgemein definiert** werden kann, da die früher immer wieder herangezogenen Sekundärmerkmale räumlich und zeitlich veränderbar sind, zweitens dass es **Intensitätsabstufungen des städtischen Charakters einer Siedlung** geben muss. D. h. es existieren Städte, die mehr oder weniger „Urbanität" (im Sinne von städtischen Merkmalen und städtischem Charakter) besitzen (vgl. 2.3.2.).

2.2 Lagetypen von Städten

Lage in der Kultur-/ Naturlandschaft

Eine seit Langem in der Stadtgeographie diskutierte Frage ist die nach typischen Lagen von Städten, aus denen sich evtl. Hinweise auf ihre Entstehungs- und Entwicklungsgeschichte und ihre früheren und gegenwärtigen Funktionen ableiten lassen (vgl. SCHWARZ 1989b, S. 862 ff.). Die Beschäftigung mit Lagetypen von Städten steht daher häufig im Zusammenhang mit **historisch-genetischer Stadtforschung**, kann aber auch für aktuelle **wirtschaftsgeographische Untersuchungen** wertvolle Hinweise geben. In der Stadtgeographie des 19. Jahrhunderts wurde überwiegend die Lage von Städten in der Naturlandschaft, häufig rein deskriptiv oder im Sinne eines sehr eng gesehenen Naturdeterminismus, thematisiert. Seit Beginn des 20. Jahrhunderts trat gleichbedeutend daneben die Lage in der Kulturlandschaft in den Blickpunkt der Stadtforschung. In beiden Fällen unterscheidet man zwischen der „geographischen" (**großräumigen**) Lage – z. B. im nationalen oder regionalen Maßstab – und der „topographischen" (**kleinräumigen**, Orts-)Lage.

Lage als Funktionsbeschreibung

In der gegenwärtigen stadtgeographischen Forschung spielt die Lage von Städten vor allem dann eine Rolle, wenn sich aus ihr Erkenntnisse über ihre **Funktionen**, ihre **Entwicklungsmöglichkeiten oder -hindernisse**, ihre **wirtschaftlichen Schwerpunkte** u. Ä. ergeben. So können, um nur einige Beispiele zu nennen, Lagetypen von Städten von Bedeutung sein bei Fragen der Stadtwirtschaft (Küstenlage, Passlage, Fern- und Nahverkehrslage), des Städtetourismus (Lage in einer attraktiven natürlichen Umgebung oder in einem bestimmten kulturlandschaftlichen Umfeld, Lage an Transitrouten), der Industrie- und Gewerbeansiedlung (Lage zu Rohstoff- oder Absatzmärkten, zu Verkehrswegen, insbesondere zu Eisenbahn- oder derzeit eher zu Autobahnknotenpunkten, zu politischen Grenzen), der Verwaltungsgliederung eines Raumes (Mittelpunktslage einer Hauptstadt im Sinne guter Erreichbarkeit vom gesamten Territorium) usw.

Wichtige Lagetypen

Wichtige Lagetypen sind, ohne Vollständigkeit anzustreben, beispielsweise

- die **Küstenlage**, die – je nach dem Typ der Küste – günstige Voraussetzungen für einen Hafen und damit für außenhandelsorientierte Industrien (z. B. Containerhafen, Öl- oder Erzhafen) und Dienstleistungen oder auch für den Wassersport und den Tourismus bieten kann. Oft sind Städte in Küstenlage aus Häfen hervorgegangen und haben bei Vorliegen entsprechender Voraussetzungen später auch touristische Bedeutung erlangt (z. B. Segelhafen, Anlaufhafen für Kreuzfahrtschiffe).
- die **Flusslage**, eine sehr häufige Lage von Städten, die ihren Ursprung nicht selten der günstigen Möglichkeit einer Querung des betreffenden Flusses (**Furtlage** oder **Brückenlage**) oder aber der Verkehrsbedeutung als Binnenhafen an einem schiffbaren Fluss verdanken (**Flusshafenlage**). Wegen der im Vergleich zur Gegenwart ungleich größeren Bedeutung der Flussschifffahrt vor Beginn des Eisenbahnzeitalters spielte die Flusslage damals eine relativ große wirtschaftliche Rolle.
- die **Tallage**, eine bei älteren Städten eher seltene Lage in den Fällen, wo das Tal überschwemmungsgefährdet oder wegen Versumpfung seuchengefährdet war. Hier lagen die Städte meist in **Talhanglage** oder **Schwemmfächerlage**. In der Gegenwart werden verkehrs- oder gewerbebedingte Erweiterungen von Städten, deren Kern in Hanglage situiert ist, häufig in ebener Tallage geplant, da hier günstigere Bedingungen für die Errichtung von Verkehrsanlagen oder Industrie- und Gewerbebauten gegeben sind.
- die **Insellage**, die je nach der Gründungs- oder Entstehungsgeschichte der Stadt teils bewusst als Schutzlage, zum Teil aber auch aufgrund günstiger Fernverkehrslage in Bezug auf Schifffahrt und Außenhandel gewählt wurde (Flussinsel oder der Küste eines Binnensees oder des Meeres vorgelagerte Insel). Abbildung 2.2 zeigt die Stadt Lindau im Bodensee als Beispiel für eine Insellage in einem Binnensee. In der Gegenwart führt die Insellage von Städten bei Vorliegen geeigneter klimatischer Bedingungen und entsprechend ausgebauter Infrastruktur häufig eine Entwicklung zum Touristenzentrum herbei (z. B. Seebäder auf den Ost- und Nordfriesischen Inseln oder Touristenzentren auf den Kanarischen Inseln). Auch im übertragenen Sinn wird der Begriff verwendet, so wird die Insellage gelegent-

lich auch auf eine isolierte Stadtanlage in einem großen Waldgebiet („Rodungsinsel") oder auf die Stadtanlage auf einer trockenen Erhebung in einem Moorgebiet angewandt. Zur Zeit der deutschen Teilung nach dem Zweiten Weltkrieg sprach man auch von der Insellage West-Berlins inmitten der DDR.

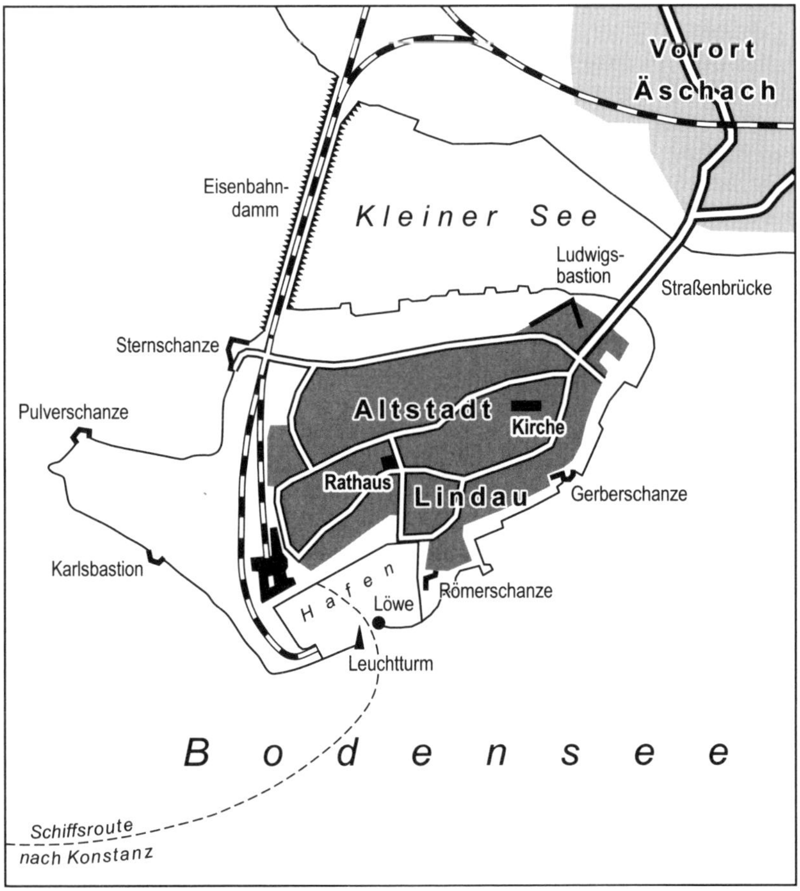

Abb. 2.2: Lindau im Bodensee als Beispiel für die Insellage einer Stadt (nach DIERCKE-WELTATLAS, 94. Aufl., 1957).

- die **Gebirgsrandlage**, die einer Stadt häufig wirtschaftliche Bedeutung als Ausgangspunkt des gebirgsquerenden Verkehrs verschaffte, insbesondere wenn es sich – im Fall von Hochgebirgen – um die Lage am Beginn einer Passstraße handelt (**Passfußlage**). In Gebirgsrandlagen entwickelten sich aber auch Städte als Verarbeitungszentren bergbaulicher oder holzwirtschaftlicher Produkte des Gebirges, vor allem durch das Vorkommen kostengünstiger Hydroenergie am Gebirgsrand. Schließlich konnten sich im 20. Jahrhundert Gebirgsrandstädte nicht selten zu Zentren des gebirgsbezogenen Sommer- oder Wintertourismus entwickeln (z.B. Innsbruck, Garmisch-Partenkirchen, Oberstdorf).

- die **Gipfel- oder Akropolislage** (nach dem Beispiel des antiken Athen), eine im Mittelmeerraum oft anzutreffende Lage von Städten, die als Schutzlage vor feindlichen Angriffen sowie vor Überschwemmungen und vor Seuchengefahren in den früher meist versumpften Tallagen gewählt wurde. Heute ist die Lage unter verkehrstechnischen Gesichtspunkten nachteilig zu werten (häufig entwickeln sich neuere Stadterweiterungen am Fuß des Berges), während die Lage unter touristischen Aspekten positiv gesehen wird.
- die **Meerengenlage**, eine vor allem bei Kolonialstädten und sonstigen geplanten Stadtgründungen anzutreffende Lage wegen der Möglichkeit der leichten Querung eines Meeresarmes und der günstigen Bedingungen für die Schifffahrt bzw. der Kontrolle des Verkehrs durch die Meerenge. Singapur ist hierfür ein Beispiel.
- die **Landengen- oder Isthmuslage**, ebenfalls eine verkehrsgünstige Lage, da sich hier einerseits der Landverkehr bündelt, andererseits Schiffsverkehr häufig in zwei verschiedene Meeresgebiete möglich ist, so dass sich auf Landengen oftmals Städte als Verkehrszentren und Güterumschlagplätze entwickelt haben.

Variierende Lagebewertung

Generell gilt, dass die Bewertung der klein- wie der großräumigen Lage einer Stadt häufig **regional differiert**, sich aber auch im **zeitlichen Verlauf** durchaus ändern kann. Es lässt sich also nicht von vornherein z. B. von einer günstigen oder ungünstigen Lage einer Stadt – etwa in Bezug auf Verkehrsanbindung, Industrieansiedlung u. a. – sprechen. So kann beispielsweise die Lage an einer Flachküste mit Sandstrand unter dem Gesichtspunkt der Schiffbarkeit und des Außenhandels negativ bewertet werden, während sich die gleiche Lage zu einer anderen Zeit oder in einer anderen Region unter dem Aspekt einer sich entwickelnden Destination für den Bade- und Erholungstourismus als sehr vorteilhaft erweist. Die Lage in einem überschwemmungsgefährdeten Flusstal wird in der Regel zunächst einmal negativ gesehen werden, während sich die gleiche Lage nach einer eventuellen Regulierung, Eindeichung u. Ä. des Flusses unter dem Aspekt der Wasserkraftnutzung, der Flussschifffahrt, der industriellen Brauchwassergewinnung, der Brücken- und Verkehrsknotenfunktion usw. ausgesprochen positiv darstellt.

2.3 Das Verhältnis Stadt – Land

2.3.1 Stadt-Land-Gegensatz

Neues Element Stadt

Die Stadt-Land-Dichotomie, der Gegensatz zwischen Stadt und Land, wie er in den älteren Stadtdefinitionen deutlich wird, prägte über Jahrtausende hinweg nicht nur das **Siedlungsbild**, sondern auch die **Wirtschafts- und Gesellschaftsstruktur** weiter Räume. Nach Bobek wurde auf der Basis der „herrschaftlich organisierten Agrargesellschaft" im frühantiken Orient der Kulturlandschaft ein „grundlegend neues Element, die Stadt" eingefügt (Bobek 1959, S. 279) als eine Siedlung, deren Bevölkerung sich im Wesentlichen aus Vertretern nicht-landwirtschaftlicher Lebensformen und Berufe zusammensetzte.

Historischer Gegensatz

Die gesamte Antike, das Mittelalter und die frühe Neuzeit hindurch war dieser Gegensatz ein charakteristisches Element der Siedlungslandschaft in Europa, aber auch in großen Teilen der übrigen Kulturräume: einerseits die **ländlichen Siedlungen**, von Einzelhöfen und Weilern bis zu Dörfern unterschiedlichster Formen in ihrer landschaftstypischen Vielgestaltigkeit. Ihre Erwerbsgrundlage stellte die **Agrarwirtschaft** dar, die für ihre Bewohner in der Regel nicht nur Wirtschaftsweise und Beruf, sondern **Lebensform** und Lebensinhalt war. Andererseits entwickelten sich **Städte**, die sich schon rein äußerlich durch andere **Grund- und Aufrissformen** und vor allem durch ihre **Ummauerung** dem ländlichen Raum gegenüber abgrenzten. In den meisten Ländern besaßen sie auch durch einen Gründungsakt bzw. durch spätere Rechtsverleihung einen **privilegierten Sonderstatus** gegenüber den Landgemeinden mit ihren minderen Rechten (bis hin zur Leibeigenschaft der bäuerlichen Bevölkerung gegenüber dem Grundherren) (vgl. 2.1.1).

Verhältnis in Entwicklunsgländern

Derzeit ist dieser Gegensatz zwischen Stadt und Land noch typisch für die meisten Entwicklungsländer. Städte und ländliche Siedlungen sind hier zwar nicht mehr durch Mauern getrennt, aber sie weisen **unterschiedliche Wirtschafts- und Gesellschaftsstrukturen** ihrer Bewohner auf und unterscheiden sich vor allem durch Quantität und Qualität ihrer **infrastrukturellen Ausstattung**. Die größeren Städte, insbesondere die Hauptstädte, haben selbst in vielen ärmeren Entwicklungsländern zumindest im Kern einen Standard des infrastrukturellen Ausbaus erreicht (z. B. bei der Verkehrs- und Versorgungsinfrastruktur oder im Einzelhandelsangebot), der sich an europäisches Niveau annähert. Den ländlichen Siedlungen mangelt es demgegenüber häufig an beinahe jeglicher entsprechender Ausstattung wie Trinkwasser- und Stromversorgung, soziale und medizinische Grundversorgung, ausgebaute Fahrstraßen, stationärer Einzelhandel, Schulen und andere Bildungs- und Kultureinrichtungen. Aus diesem Grund wird heute ein ausgeprägter Stadt-Land-Gegensatz, besonders in gesellschaftlicher, wirtschaftlicher und infrastruktureller Hinsicht, in vielen Publikationen als **typisches Unterscheidungsmerkmal eines Entwicklungslandes** gegenüber einem entwickelten Industrieland genannt (vgl. Stewig 1983, S. 248 ff.).

2.3.2 Stadt-Land-Kontinuum

Verhältnis in Industrieländern

Mit zunehmender sozio-ökonomischer Entwicklung in Richtung auf eine **Industrie- und Dienstleistungsgesellschaft**, wie sie besonders für das westliche Europa und Nordamerika typisch ist, verschwindet der Stadt-Land-Gegensatz immer mehr und macht einem Stadt-Land-Kontinuum Platz. Dieser ursprünglich aus dem Schrifttum der angelsächsischen Sozialwissenschaften stammende Begriff („folk-urban continuum") verweist auf die **fließenden Übergänge zwischen Stadt und Land**. Es stehen sich also nicht mehr zwei grundlegend unterschiedliche Siedlungstypen gegenüber, sondern es existiert ein breites Spektrum von mehr oder weniger stark städtisch („urban") oder ländlich („rural") geprägten Siedlungen zwischen den beiden „Endpunkten" bzw. Extrempositionen, der höchst entwickelten Stadt (z. B. einer „global city", vgl. Kap. 2.5.2.2) und der dörflich-ländlichen Siedlung mit einer vollständig bewahrten traditionellen Wirtschafts- und Sozialstruktur.

Abgrenzungsproblem Stadt – Land

Dieses Stadt-Land-Kontinuum entwickelte sich vor allem durch den von den Städten gesteuerten Prozess der **Urbanisierung** (vgl. Kap. 2.3.4). Eine Folge ist die besonders in der Raumplanung zunehmend zu beobachtende Schwierigkeit, Stadt und Land als Siedlungskategorien zu definieren und ländliche Räume eindeutig von städtischen Räumen abzugrenzen. So verweist der „Raumordnungsbericht 2005" der Bundesregierung darauf, dass „der sozio-ökonomische Strukturwandel ländlicher Räume und die fortschreitende Besiedlung" dazu geführt haben, „dass sie mehr und mehr einen städtischen Charakter annehmen. ... Eine eindeutige Abgrenzung gegenüber verdichteten Gebieten wird mit der **fortschreitenden Angleichung ländlicher Räume an städtische Verhältnisse** ... immer schwieriger." (Bundesamt für Bauwesen und Raumordnung 2005, S. 203). Das Problem, den Stadtbegriff eindeutig zu definieren (vgl. Kap. 2.1), zeigt sich also auch hier, da es nicht möglich ist, in einem Stadt-Land-Kontinuum von Ort und Zeit unabhängige und allgemeingültige Grenzen zwischen den beiden Kategorien festzulegen.

2.3.3 Land-Stadt-Wanderung und Verstädterung

2.3.3.1 Land-Stadt-Wanderung

Migration in der Agrargesellschaft

Bevölkerungsbewegungen aus ländlichen Räumen in die Städte gehören zu den wichtigsten und seit alters beobachteten Wanderungsprozessen. Bereits in vorindustrieller Zeit beruhte in Europa jegliches stärkere Bevölkerungswachstum der Städte in aller Regel zu einem ganz erheblichen Teil auf der Zuwanderung von Landbewohnern. Hauptursachen waren einerseits **„push"-Faktoren in den Dörfern**, wie z.B. **Übervölkerung ländlicher Räume** mit unzureichenden Erwerbs- und Ernährungsmöglichkeiten oder **unerträgliche Steuer- und Abgabenlast** durch die Grundherren, andererseits **„pull"-Faktoren der Städte**: erhoffte rechtliche Besserstellung (**„Stadtluft macht frei"**), größere **Chancen sozialen Aufstiegs**, **Ausbildungs- und berufliche Möglichkeiten** u.Ä. Meist liegt eine Erklärung für derartige Migrationsprozesse in einer Kombination beider Faktorengruppen: ländliche „Abstoßung" und städtische „Anziehung". Die Zuwanderung in die Städte war zwar häufig strengen Restriktionen unterworfen, die z.T. nur nach starken Bevölkerungsverlusten durch Kriege, Seuchen u.a. gelockert wurden, doch kann für die agrargesellschaftliche Zeit in Europa von einer relativ starken Land-Stadt-Migration ausgegangen werden.

Migration in der Industriegesellschaft

Eine noch wesentlich wichtigere Rolle spielte die zentripetal auf die Städte gerichtete Wanderung im Zeitalter der Industrialisierung, ja sie gehört zu den bedeutendsten bevölkerungsgeographischen Charakteristika dieser Epoche. Zwei unterschiedliche Entwicklungen trafen hier zusammen: zunächst die **hohe Bevölkerungszunahme**, die im **Modell des „demographischen Übergangs"** durch das Bild der sich öffnenden „Bevölkerungsschere" gekennzeichnet ist (vgl. z.B. Kuls/Kemper 2000, S. 162ff.). Die noch durch agrargesellschaftliche generative Verhaltensweisen verursachten hohen Geburtenzahlen und die bereits durch Fortschritte der Medizin und der Hygiene sowie Verbesserung der Ernährungslage rapide gesunkenen Sterbeziffern führten in jener Zeit zu einem überaus starken **Wachstum der ländlichen Bevölkerung**.

Auf der anderen Seite hatten die sich **kräftig entwickelnden Industrien**, der Bergbau, aber auch das Dienstleistungsgewerbe, in den wachsenden Städten einen **hohen Arbeitskräftebedarf**, der sich leicht aus den ländlichen Bevölkerungsüberschüssen decken ließ. Eine große Wanderungsbereitschaft, teilweise sogar **Abwanderungsnotwendigkeit der ländlichen Bevölkerung**, traf also auf **starken Bedarf an Arbeitskräften in den Städten**.

Historischer Mobilitätshöhepunkt

Durch das Zusammenwirken beider Entwicklungen erlebte West- und Mitteleuropa, vor allem in der 2. Hälfte des 19. Jahrhunderts, eine **außerordentlich kräftige Land-Stadt-Wanderung**. In Deutschland waren es insbesondere die **Städte der Montanindustrie** im Ruhrgebiet, aber auch **Industriestädte** im Rheinland, in Sachsen, in Oberschlesien u. a., **Hafenstädte** wie Hamburg und Bremen, **Hauptstädte und Verwaltungszentren** wie Berlin und München, die eine wahre „Bevölkerungsexplosion" durch die Migration aus dem näheren Umland und aus weiter entfernten ländlichen Räumen (z. B. Ostdeutschland und Polen) erlebten. So bestand in vielen deutschen Industriegroßstädten die Bevölkerung zu Beginn des 20. Jahrhunderts nur noch zu einem Drittel und weniger aus Ortsgebürtigen; es überwogen die Nah- und Fernwanderer aus ländlichen Räumen. Diese Phase der Land-Stadt-Wanderung im Industriezeitalter ist sehr deutlich im **Modell des Mobilitäts-Übergangs** nach Zelinsky (1971) erkennbar, mit dem versucht wird, die Intensität der verschiedenen Formen räumlicher Mobilität im Übergang von der Agrar- zur Industriegesellschaft darzustellen (vgl. Abb. 2.3). Schaffer (1972, S. 128ff.) zeigte mit Beispielen aus deutschen Großstädten, dass zu Beginn des 20. Jahrhunderts – vor allem durch die Land-Stadt-Wanderung – die Mobilität ein später nicht mehr erreichtes Ausmaß angenommen hatte.

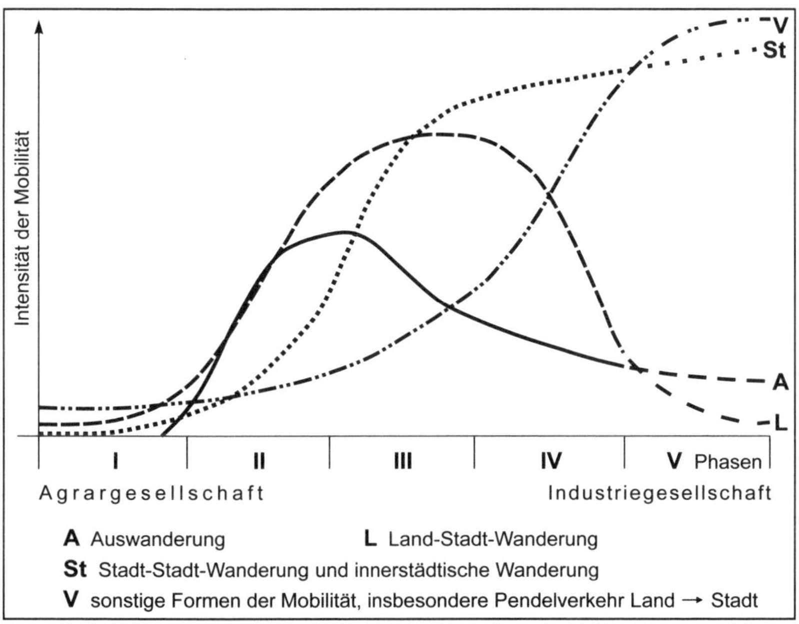

Abb. 2.3: Formen der Mobilität zwischen Stadt und Land. Vorherrschende Wanderungs- und Verkehrsbewegungen von der Agrar- zur Industriegesellschaft (verändert nach Kuls/Kemper 2000, S. 207 bzw. Zelinsky 1971, S. 233).

Migration in der Nachkriegszeit

Gegenüber jenem Höhepunkt der Land-Stadt-Wanderung, für die umgangssprachlich auch die – allerdings zu stark vereinfachende – Bezeichnung „Landflucht" gebraucht wird, sind die Mobilität insgesamt und die Zuwanderung in die Städte in Deutschland stark zurückgegangen. Nur in den ersten beiden Jahrzehnten nach dem Zweiten Weltkrieg gewann die Abwanderung aus ländlichen Gebieten in die Mittel- und Großstädte noch einmal stärker an Bedeutung. Ursachen waren nun die **Rückwanderung der während des Krieges Evakuierten** in die nach den Kriegszerstörungen im Wiederaufbau befindlichen Städte, die Abwanderung eines großen Teils der **Heimatvertriebenen und Flüchtlinge** aus den ländlichen Gebieten, in denen sie aus Gründen der Wohnungs- und Nahrungsmittelversorgung zunächst untergebracht worden waren, und die durch den wirtschaftlichen Strukturwandel nach dem Zweiten Weltkrieg verursachte **starke Abwanderung aus der Landwirtschaft** in Industrie und Dienstleistungsgewerbe.

Migration seit den 1970ern

Seit den 1970er Jahren hat in der Bundesrepublik Deutschland – analog zu den Verhältnissen in anderen westeuropäischen Ländern – die Land-Stadt-Wanderung stark an Bedeutung verloren, obwohl sich die Abwanderung aus landwirtschaftlichen Berufen unvermindert fortsetzte. Vor allem zwei Ursachen sind dafür verantwortlich, dass die Abwanderung aus ländlichen Räumen nicht nur nachließ, sondern sogar in einigen Regionen umgekehrt in eine gewisse Zuwanderung umschlug: einerseits die **Ansiedlung von Industrie- und Gewerbebetrieben in ländlichen Gemeinden**, die häufig großzügig bemessene Gewerbegebiete auswiesen und mit geringeren Gewerbesteuerhebesätzen als in den Städten warben, andererseits die in den ersten Jahrzehnten nach dem Zweiten Weltkrieg rasant zunehmende **private Motorisierung der Erwerbstätigen**. Letztere ermöglichte es, auch beim Fehlen eines adäquaten öffentlichen Personennahverkehrs einen Arbeitsplatz im nächst gelegenen städtischen Raum als Pendler aufzusuchen. Es entfiel also der Zwang, mit der Übernahme eines städtischen Arbeitsplatzes auch umzuziehen und eine Wohnung in der Stadt zu nehmen, wie es seit Beginn der Industrialisierung fast immer notwendig gewesen war; die Land-Stadt-Wanderung wurde, vor allem in den großstadtnahen ländlichen Räumen, weitgehend durch den **Pendelverkehr** ersetzt.

2.3.3.2 Verstädterung

Definition

Mit dem Begriff der Verstädterung wird die Vermehrung und **Vergrößerung der Städte** eines Raumes **nach Anzahl, Fläche und Einwohnerzahl** bezeichnet. Der Begriff wird teils absolut, teils relativ, d.h. im Verhältnis zu den nicht-städtischen Siedlungen und zur ländlichen Bevölkerung gebraucht; außerdem dient er sowohl zur Kennzeichnung eines Entwicklungsprozesses als auch zur Beschreibung eines erreichten Zustandes, der sich im **Verstädterungsgrad** ausdrückt. Damit ist das Ausmaß der Verstädterung gemeint, gemessen am prozentualen Anteil der städtischen Bevölkerung an der Gesamtbevölkerung eines Raumes. Auch die Begriffe Verstädterungsquote und Verstädterungsrate werden hierfür verwendet.

Verstädterung im Ländervergleich

Der Vergleich des Verstädterungsgrades verschiedener Länder dient oft der Kennzeichnung der Siedlungs- und Bevölkerungsstruktur, ist jedoch sehr problematisch, da städtische Bevölkerung und städtische Siedlung häufig

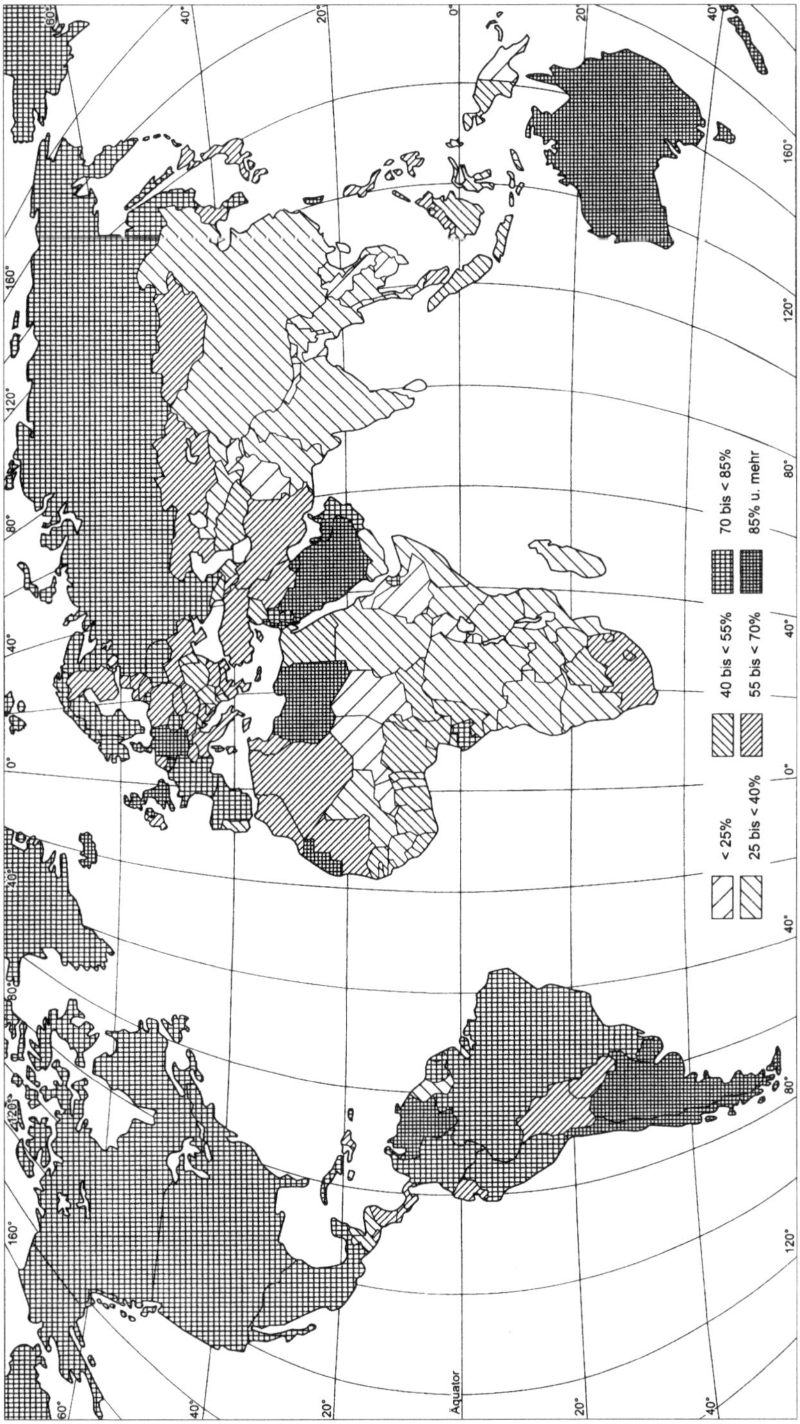

Abb. 2.4: Die Verstädterung der Erde. Anteil der Stadtbevölkerung in den Staaten der Erde 2003/2004 (BÄHR/JÜRGENS 2005, UN 2005).

länderspezifisch unterschiedlich definiert werden (vgl. 2.1.3). Außerdem lässt der Verstädterungsgrad keine Rückschlüsse darauf zu, ob sich die städtische Bevölkerung in einer großen **Metropole** oder mehreren bevölkerungsstarken **Großstadtagglomerationen** konzentriert oder ob sie eher dezentral in vielen kleineren Städten lebt. Zur Unterscheidung wird daher auch der **Metropolisierungsgrad** berechnet, definiert als Anteil der Bevölkerung in städtischen Agglomerationen mit mehr als einer Million Einwohnern. Abbildung 2.4 zeigt die Problematik einer undifferenzierten Darstellung des Verstädterungsgrades auf der Basis von Staaten. Hohe Anteile der Stadtbevölkerung treten einerseits in relativ dicht besiedelten Industriestaaten mit einem **engen Netz von Städten** unterschiedlicher Größenordnung auf (z. B. Deutschland, Großbritannien), andererseits jedoch auch in vielen sehr dünn besiedelten Staaten, in denen sich die Bevölkerung in **wenigen großen Städten konzentriert** (z. B. Australien, Argentinien, Saudi-Arabien, Libyen). Länder mit geringer bis mäßiger Verstädterung, d. h. mit einem noch hohen Anteil an Menschen in ländlichen Siedlungsformen, finden wir heute fast nur noch in Süd- und Ostasien (vor allem Indien und China) sowie in den zentralen und östlichen Teilen von Afrika südlich der Sahara.

Verstädterung in Industrieländern

Theoretisch könnte die Ursache der Verstädterung eines Landes oder einer Region in höheren Geburtenüberschüssen städtischer gegenüber ländlichen Siedlungen begründet sein. In der Realität ist jedoch **überdurchschnittliches Städtewachstum** praktisch immer das **Ergebnis von Migrationsvorgängen**, entweder der Land-Stadt-Wanderung innerhalb eines Landes oder der Einwanderung (Immigration) aus dem Ausland. Dementsprechend war nicht nur in Deutschland, sondern im ganzen westlichen Europa der Verstädterungsprozess während der Zeit der Industrialisierung und dadurch verursachter großräumiger und zahlenmäßig sehr kräftiger Wanderungsbewegungen in die entstehenden Industriestädte besonders stark ausgeprägt (vgl. 2.3.3.1). Gegenwärtig verstärkt sich hier die Verstädterung kaum noch. In gewissen Regionen sind sogar Bevölkerungsrückgänge von Agglomerationsräumen zu beobachten, die als sog. **Counterurbanization** gedeutet werden (meist arbeitsplatzbedingte Abwanderung aus städtischen Agglomerationen bei gleichzeitigen Wanderungsüberschüssen ländlicher, kleinstädtisch geprägter Regionen).

Verstädterung in Entwicklungsländern

In fast allen Entwicklungsländern schreitet demgegenüber die Verstädterung seit mehreren Jahrzehnten aufgrund **hoher Abwanderungsraten aus ländlichen Räumen in die Städte** sehr rasch voran. Die Ursachen sind in push- und pull-Faktoren zu sehen. „Abstoßende" Faktoren ländlicher Siedlungen sind z. B. agrare Überbevölkerung, Arbeitslosigkeit, unzureichende Ernährung und Verschuldung vieler Dorfbewohner, mangelnde bauliche und technische Infrastruktur der Siedlungen, in vielen Staaten, insbesondere in Afrika, auch Kriegswirren, Terrorismus, verbreitete Unsicherheit und Willkürherrschaft lokaler und regionaler Machthaber. Die Städte, vor allem die großen Metropolen, wirken demgegenüber anziehend durch bessere Lebens- und Arbeitsbedingungen – oder zumindest entsprechende Möglichkeiten –, Chancen auf Bildung bzw. Ausbildung und sozialen Aufstieg, größere Chancen, an Lebensmittelhilfslieferungen und sonstigen Hilfen humanitärer Organisationen zu partizipieren usw. Zwar entspricht die reale Lebenssituation der meisten Zuwanderer in **informellen Elendssiedlungen** (favela, barriada, bidonville, shanty town) selten den ursprünglichen Vorstellungen vom Leben in der Stadt, doch wirkt zweifellos allein die vage Möglichkeit eines besseren Lebens anziehend (vgl. HAUSER 1991, S. 507).

Häufig wird die Verstädterung in Entwicklungsländern auch durch **Programme der Regierungen** indirekt gefördert, die beim Bau von Wohnungen, Straßen, technischer Infrastruktur, sozialen und Bildungseinrichtungen überwiegend in den großen Städten investieren. Auch **Industrie- und Gewerbeansiedlungen ausländischer Investoren**, die das niedrige Lohnniveau in Entwicklungsländern für die Errichtung exportorientierter Produktionsanlagen ausnutzen, finden weitestgehend in städtischen Agglomerationen, häufig in der Hauptstadt selbst statt. Dies trägt natürlich ebenso zu ihrem Wachstum bei und fördert die Verstädterung. Während in den seit dem 19. Jahrhundert industrialisierten Staaten Westeuropas die Verstädterungsrate heute in der Regel auf hohem Niveau – meist über 75% – stagniert, ist für fast alle Entwicklungsländer eine **starke Zunahme** charakteristisch (vgl. z.B. STEWIG 1983, S. 114ff., HAUSER 1991, S. 479ff., HEINEBERG 2001, S. 31ff.). Inzwischen hat die Verstädterungsrate beispielsweise in Mexiko 75%, in Brasilien sogar 80% überschritten; in den meisten afrikanischen Ländern liegt sie inzwischen bei mehr als 35%. Im bevölkerungsreichsten Staat der Erde, in der Volksrepublik China, ist sie in den letzten Jahren auf fast 40% angestiegen – mit stark zunehmender Tendenz – und in Indien nähert sie sich der 30%-Marke.

Interpretation des Verstädterungsgrades

Die **Aussagekraft** dieser Werte ist jedoch zwischen Industrie- und Entwicklungsländern unterschiedlich zu beurteilen. In wirtschaftlich **hoch entwickelten Staaten** zeigt ein weit fortgeschrittener Verstädterungsprozess einen **ausgeprägten Modernisierungsgrad** an, gemessen an der Entwicklung des Industrie- und insbesondere des Dienstleistungssektors und am soziokulturellen Entwicklungsstand. Demgegenüber ist ein hoher Verstädterungsgrad in **Entwicklungsländern** kaum geeignet, gesicherte Aussagen über den Stand der gesellschaftlichen und wirtschaftlichen Situation zu machen. Hier stellt die Land-Stadt-Wanderung häufig gerade nicht die Folge ökonomischer Entwicklung und der dadurch initiierten Schaffung von Arbeitsplätzen in den Städten dar, sondern ist oft eher die **Folge wirtschaftlichen Niedergangs** und sich dadurch verschlechternder Lebensbedingungen auf dem Land. Für diese Situation wird gelegentlich der Begriff der **Überverstädterung** gebraucht, der anzeigt, dass die Zuwanderung aus ländlichen Räumen in die Städte, insbesondere in die Metropolen, diese überfordert und ihre Integrationskraft und die wirtschaftlichen Möglichkeiten weit übersteigt.

Unterschiede im Verstädterungsprozess

HAUSER (1991, S. 484) fasst sehr deutlich die Unterschiede im Verstädterungsprozess der heutigen Industrieländer während der Zeit der Industrialisierung einerseits und der Entwicklungsländer in der Gegenwart andererseits zusammen. Er sieht fundamentale Gegensätze: Der Verstädterungsprozess der **altindustrialisierten Länder** vollzog sich „relativ **langsam**, war **endogen** verursacht und vor allem **integriert** mit den wirtschaftlichen und gesellschaftlichen Veränderungen". In den heutigen **Entwicklungsländern** erfolgt er „**rasch**, ‚exogen' und vor allem **nicht integriert** in den gesamten sozio-ökonomischen Wandel". Der Industrialisierungsprozess sowie gesellschaftliche, soziale und kulturelle Veränderungen gehen hier nicht, wie im Europa des 19. Jahrhunderts, als wichtigstes verursachendes Moment der

Verstädterung voraus, sondern sie folgen ihr erst, und zwar – unter entwicklungspolitischem Aspekt gesehen – viel zu langsam und in unzureichendem Maße.

2.3.4 Urbanisierung

Definition

Im Gegensatz zum **quantifizierenden Begriff der Verstädterung** wird der Terminus Urbanisierung in aller Regel **qualitativ** verwendet. Man versteht darunter die Ausbreitung städtischer (urbaner) **Lebensformen und Verhaltensweisen der Bevölkerung** und der dadurch geprägten räumlichen Strukturen und Prozesse von den städtischen in die umgebenden ländlichen Räume. Im Verlauf dieses Diffusionsprozesses werden die Berufs- und Erwerbs- bzw. im umfassenden Sinn die Sozialstrukturen der Bevölkerung, ihre raumrelevanten Verhaltensweisen, aber auch die Physiognomie der Kulturlandschaft ländlicher Räume im Sinne einer Angleichung an die entsprechenden städtischen Strukturen verändert. Ähnlich definiert z. B. STEWIG (1983, S. 114), der vor allem auf die Unterschiede zwischen dem Verstädterungs- und dem Urbanisierungsprozess sowohl in den Industrie- als auch in den Entwicklungsländern hinweist.

Begriffliche Einheit im Englischen

Einige Autoren gebrauchen die Begriffe Verstädterung und Urbanisierung weitgehend unterschiedslos, so etwa HEINEBERG (2001, S. 46). Dieser bezeichnet Urbanisierung als „soziale Verstädterung“ und definiert sie als „Adaption und räumliche Ausbreitung städtischer Sozial-, Wohn-, Lebens- und/oder Wirtschaftsformen“. Eine solche Gleichsetzung der Begriffe wird zweifellos dadurch beeinflusst und gefördert, dass **im Englischen** und in anderen europäischen Sprachen **nur ein gemeinsamer Begriff** für die beiden angesprochenen Sachverhalte existiert (z. B. englisch: urbanization, französisch: urbanisation), hier also nicht die Möglichkeit einer begrifflichen Differenzierung zwischen Verstädterung und Urbanisierung besteht. FASSMANN (2004, S. 49) schreibt von der Schwierigkeit, „für Verstädterung ein passendes englisches Wort zu finden“ und sieht „wie bei anderen Sachtermini ein Dilemma, wenn man zwischen dem deutschen und dem englischen Sprachraum wechselt“. In der englischsprachigen Fachliteratur wird aber durchaus die mehrfache Bedeutung des Begriffs „urbanization“ gesehen. So unterschied bereits SMAILES (1975, S. 1 f.) ausdrücklich zwischen „urbanization“ im Sinne von wachsender Bevölkerungszahl und Fläche der Städte (= Verstädterung) und „urbanization“ als Veränderung des „way of life“ der Bevölkerung ländlicher Gebiete, d. h. als Transformation der Lebens- und Wirtschaftsweise der Einwohner ländlicher Räume in Richtung auf „urban life styles“ (= Urbanisierung).

Begriffliche Trennung im Deutschen

Da die deutsche Sprache die Möglichkeit gibt, diese beiden Aspekte des Urbanisierungs- bzw. Verstädterungsbegriffs auch durch zwei verschiedene Termini auszudrücken, bürgerte es sich in den letzten Jahrzehnten zunehmend ein, um der Klarheit und Eindeutigkeit der Aussage willen begriffliche Unterscheidungen zu treffen. Eine derartige begriffliche Trennung findet sich bereits bei SCHÖLLER (1967) angedeutet. In seiner Arbeit über die deutschen Städte erklärt er Verstädterung als „steigenden Anteil der Stadtbevölkerung“ an der Gesamtbevölkerung, Urbanisierung als sozio-ökonomische

Umwandlung von Gemeinden im Umkreis der großen Städte, wodurch eine „breite halbstädtische Übergangszone" entsteht (SCHÖLLER 1967, S. 10, 96). In den 1970er Jahren wurde das Begriffspaar vor allem durch die **„Münchner Schule"** der Sozialgeographie in den Kontext der quantitativen und qualitativen Stadt-Land-Beziehungen gestellt und im obigen Sinn definiert (z. B. RUPPERT/SCHAFFER 1973; PAESLER 1976; MAIER/PAESLER et al. 1977). Inzwischen haben sich die meisten Autoren auf ähnliche Definitionen der beiden Begriffe festgelegt. So schließt nach GAEBE (1987, S. 22) der Begriff „Verstädterung" nur demographische Merkmale ein (z. B. Anteil der Stadtbevölkerung, Bevölkerungszunahme der Städte), nicht dagegen sozio-ökonomische Diffusionsprozesse, die im Terminus Urbanisierung enthalten seien. HOFMEISTER (1999, S. 58) stellt fest, es sei „zu einem weitgehenden Konsens gekommen, die ... leichter quantifizierbaren Faktoren wie Stadtbevölkerung, Anzahl und Flächenwachstum der Städte unter Verstädterung, die eher qualitativen Faktoren städtischer Lebensform und deren Ausbreitung als Urbanisierung zu bezeichnen". Schließlich versteht FASSMANN (2004, S. 51 f.) unter Urbanisierung „einen Ausbreitungsprozess von ‚Stadt' im nichtmateriellen Bereich" im Sinne einer „Übernahme städtischer Verhaltens- und Lebensweisen durch die Bevölkerung ländlicher Räume".

Indikatoren

Hinweise auf fortschreitende Urbanisierungsprozesse können zahlreiche Indikatoren aus dem demographischen, sozio-ökonomischen und soziokulturellen Bereich geben, durch die Überformungen ländlicher Gemeinden und ihrer Bevölkerung durch städtische Einflüsse deutlich werden. Hierzu gehören etwa **Veränderungen der Erwerbsstruktur** hin zum sekundären und insbesondere zum tertiären Sektor mit zunehmendem Bedeutungsverlust des primären (agrarischen) Sektors der Wirtschaft, Verbreiterung und **Ausdifferenzierung des beruflichen Spektrums** der Bevölkerung sowie zunehmender **Berufspendelverkehr** in Richtung städtischer Zentren. Weitere Indikatoren sind interregionale bis internationale Wanderungsbewegungen mit der Folge eines abnehmenden Anteils autochthoner Bevölkerung und einer zunehmenden **Heterogenität der Einwohner** nach sozialen und ethnischen Kriterien, Entwicklung und **Übernahme stadttypischer Lebensstile**, Normen und Wertesysteme, Lebens- und Wohnweisen, Familien- und Haushaltsstrukturen (messbar z. B. am Anteil von Einpersonenhaushalten – „singles" –, an niedrigen Geburtenzahlen, spätem Heiratsalter, hohen Scheidungsraten, hohem Anteil nicht-ehelicher Lebensgemeinschaften usw.).

Beispiele für derartige Indikatoren des Urbanisierungsprozesses bringen u. a. LINDAUER 1970, PAESLER 1976, ŁOBODA/PAESLER 1993, FASSMANN 2004. Aus den genannten Indikatoren wird deutlich, dass die Urbanisierung aufgrund zweier sich gegenseitig beeinflussender Faktoren voranschreitet: einerseits durch Stadtrand- und **Stadt-Land-Wanderung** städtischer Bevölkerung (vgl. 2.4.1), die ihre **Verhaltensweisen** in die ursprünglich ländlichen Zuzugsgemeinden **überträgt**, andererseits durch die Übernahme städtischer Verhaltensweisen durch die ländliche Bevölkerung infolge von **Akkulturationsprozessen**. FASSMANN (2004, S. 52) verweist zu Recht darauf, dass dieser Prozess nicht direkt quantifizierbar ist, sondern sich nur anhand von Indikatoren indirekt nachweisen lässt.

2.3.5 Stadt-Land-Wanderung

Definition

Jahrhunderte hindurch waren Bevölkerungswanderungen fast ausschließlich vom Land in die Stadt gerichtet, Stadt-Land-Wanderungen jedoch absolute Ausnahmen, etwa im Fall von Kriegsereignissen und Zerstörungen in den Städten. Jüngstes Beispiel stellten hierfür die Evakuierungen der Zivilbevölkerung aus vielen deutschen Großstädten in benachbarte ländliche Räume nach den Luftangriffen im 2. Weltkrieg dar. Seit den 1980er Jahren deuten Untersuchungen zu den Themen **„counterurbanization"**, **„Desurbanisierung"** und **„Exurbanisierung"** an, dass es Regionen mit einer „Entstädterung" aufgrund von Wanderungen aus den Städten in Landgemeinden gibt (vgl. GAEBE 1987, BUTZIN 1986, JUNG 1984). Gemeint ist hiermit nicht die Stadt-Rand- und Stadt-Umland-Wanderung, die zur Suburbanisierung mit flächenhafter Ausdehnung der Stadt in das Umland hinein führt (vgl. 2.4.1), sondern **echte Abwanderung** aus Städten bzw. Agglomerationsräumen **in ländliche Räume**.

Ausweitung des Stadtumlandes

GAEBE (1987, S. 141) beschreibt Desurbanisierung als eine „Entwicklung, bei der die Bevölkerungszunahme im Umland die Bevölkerungsabnahme in der Kernstadt nicht mehr ausgleicht." Es kommt also zu absoluten Bevölkerungsrückgängen der gesamten Stadtregion. In den meisten Fällen handelt es sich aber hierbei nicht um einen sinkenden Verstädterungsgrad der betreffenden Region, sondern um eine **„erweiterte Suburbanisierung"**, die auch „als Exurbanisierung bezeichnet" wird (GAEBE 1987, S. 141). Dagegen ist eine **wirkliche Umverteilung** von Bevölkerung und Arbeitsplätzen durch Wanderung in ländliche und periphere Räume – als counterurbanization bezeichnet – zumindest in Westeuropa **nicht nachweisbar**. Wo es zu Bevölkerungsrückgängen der Städte durch arbeitsplatzbedingte Abwanderung kommt – seit den 1990er Jahren in weiten Teilen Ostdeutschlands zu beobachten, früher bereits in altindustrialisierten Regionen Westeuropas – profitieren davon nicht die ländlichen Räume, sondern wirtschaftsstarke Großstadtregionen. Als Fazit bleibt festzustellen, dass es zwar tatsächlich Wohnsitzverlegungen aus der Stadt in ländliche Räume gibt, z. B. Ruhestandswanderungen von Senioren in landschaftlich attraktive Altersruhesitze, meist in Kurorte oder Zielgebiete des Erholungstourismus, oder Rückwanderung von Personen in ihre ländlichen Heimatorte nach dem altersbedingten Ausscheiden aus der Erwerbstätigkeit in der Stadt. Die meisten Wanderungsprozesse, die gelegentlich als Belege für Stadt-Land-Wanderungen angeführt werden, sind aber in Wirklichkeit **Wanderungen an die Peripherie der Agglomerationsräume**, durch die die Grenzen zwischen städtischem und ländlichem Raum nach außen verlegt werden. Das Wanderungsziel ist also nicht der ländliche Raum, sondern die **äußere Zone des Stadtumlandes**, in der ehemalige ländliche Gemeinden durch Urbanisierungsprozesse und Zuwanderung zu Gemeinden der suburbanen Zone mutieren (vgl. 2.3.4).

2.4 Das Verhältnis Stadt – Umland

Definition Stadtumland

Durch Prozesse der Urbanisierung des stadtnahen ländlichen Raumes und durch Wanderungsbewegungen aus der Stadt in benachbarte, die Stadt umgebende, ehemals ländliche Gemeinden entwickelt sich eine mehr oder weniger breite Umlandzone um die Stadt (vgl. 2.4.1). Dieses Stadtumland ist **relativ stark urbanisiert**, nach außen – d. h. gegenüber dem ländlichen Raum – **unscharf begrenzt**, und es weist **enge sozio-ökonomische Verflechtungen mit der Kernstadt** auf, insbesondere durch Arbeits- und Ausbildungspendler und im Versorgungsbereich (Einzelhandel und sonstige Dienstleistungen), aber auch im Freizeit- und Erholungssektor (vgl. 2.4.2).

Das Stadtumland stellt ein **Übergangsgebiet** dar und umfasst sowohl direkt der Stadt benachbarte Randgemeinden als auch weniger stark urbanisierte Gemeinden im Übergang zum außen angrenzenden ländlichen Raum. Die Intensität der sozio-ökonomischen Beziehungen mit der Stadt nimmt im Allgemeinen mit zunehmender Entfernung von dieser radial nach außen ab. Die **innere Grenze des Stadtumlands** entspricht der **Stadtgrenze**, also der Grenze der politisch-administrativen Einheit Stadt. Sie ist bei größeren Städten häufig nicht nur eine Gemeinde-, sondern auch eine Kreisgrenze, wenn es sich bei der Kernstadt um eine kreisfreie Stadt (Stadtkreis) handelt. Bei Großstädten stellt dies in Deutschland die Regel dar. Im Fall der drei deutschen Bundesländer Berlin, Hamburg und Bremen handelt es sich sogar um eine staatsrechtlich relevante Grenze, da Stadt und Umland in verschiedenen Ländern liegen, was besondere Stadt-Umland-Probleme mit sich bringt (vgl. 2.4.4). Die Grenze zwischen Stadt und Umland, also die Stadtgrenze, ist häufig eher willkürlich gezogen, da Eingemeindungen von Randgemeinden in die Städte in verschiedenen Ländern und zu verschiedenen Zeiten nach unterschiedlichen Kriterien vorgenommen wurden (vgl. 2.4.6). Nicht immer spielten nur Sachkriterien, gelegentlich auch rein politische Entscheidungen eine Rolle.

Forschungsbedarf

Mit Hilfe verschiedener **Modellvorstellungen** versuchen die Stadtgeographie, die Städtestatistik und die Stadt- und Regionalplanung seit Längerem, den Gesamtraum von Stadt und Umland zu gliedern, **Gesetzmäßigkeiten** zu erkennen, bezüglich seiner Struktur und seiner Entwicklung zu erklären und für Zwecke der Raumordnung und Raumplanung zu analysieren (vgl. 2.4.5). Im Hinblick auf Prognosen der weiteren baulichen, sozialen und demographischen Entwicklung des Stadt-Umland-Bereichs sind auch national und international **vergleichende Studien** von großem Wert, ebenso wie bei der Diskussion um Lösungsmöglichkeiten von regelmäßig auftretenden typischen Stadt-Umland-Problemen (vgl. 2.4.4).

2.4.1 Stadt-Rand-Wanderung und Suburbanisierung

2.4.1.1 Bevölkerungssuburbanisierung

Industrialisierung bis 1960er

Während der Zeit der Industrialisierung im 19. und im beginnenden 20. Jahrhundert wuchsen neben den Städten auch die Dörfer im Umland der Industriestädte besonders stark an. Die übliche und allgemein angewandte Reaktion auf das Bevölkerungswachstum und die Urbanisierung stadtnaher ehemals ländlicher Gemeinden war damals in Deutschland, aber auch in vielen anderen europäischen Staaten die **Eingemeindung**, also die verwaltungsmäßige Eingliederung der bisher selbstständigen Randgemeinden in die Stadt (vgl. 2.4.6). Nach dem Zweiten Weltkrieg, in der Bundesrepublik Deutschland insbesondere nach dem Ende der ersten Wiederaufbauphase, d.h. etwa ab dem Beginn der 1960er Jahre, erreichte die Bevölkerungszunahme der Gemeinden am Stadtrand und im Stadtumland derartige Ausmaße, dass es nicht mehr sinnvoll erschien, die Stadtgrenzen dieser Entwicklung anzupassen und sie jeweils entsprechend weit nach außen zu verschieben.

1970er Angesichts der starken Urbanisierung auch weiter von den Stadtgrenzen entfernter Gemeinden und unter dem Aspekt des Stadt-Land-Kontinuums (vgl. 2.3.2) wurde es zunehmend schwieriger, eine ökonomische, sozio-demographische bzw. politische Grenze der Stadt gegenüber dem Umland zu bestimmen und durch Eingemeindungen zu realisieren. Dieses Problem tauchte überall in den westdeutschen Bundesländern auf, wo in den 1970er Jahren vorerst zum letzten Mal flächendeckend versucht wurde, durch **Gemeinde- und Kreisgebietsreformen** neue Grenzen zwischen den Städten und den weiterhin selbstständigen Randgemeinden festzulegen. Auch das stark gewachsene politische Selbstbewusstsein der Bevölkerung und ihrer Repräsentanten in den Umlandgemeinden machte es schwieriger, die städtische Randwanderung zum Anlass für Eingemeindungen zu nehmen. Man erkannte zunehmend, dass es sich beim Wachstum des Stadtumlandes um eine Entwicklung handelt, durch die mit dem sog. suburbanen Raum eine neue Gebietskategorie zwischen Stadt und Land entstanden war.

1980er bis heute Eine wesentliche Entwicklung unterscheidet die Stadt-Rand-Wanderung der letzten Jahrzehnte, die sich bis in die Gegenwart vollzog und vorerst auch noch weiter anhält, vom Wachstum der städtischen Randgemeinden in der Industrialisierungsepoche. Während damals die im Prozess der **Industrialisierung** befindlichen Städte einschließlich ihrer bisher ländlichen Randbereiche ein hohes Bevölkerungswachstum zeigten, die Zunahme von Stadt und Umland also das Ergebnis eines **absoluten Wachstums beider Siedlungsbereiche** war, ist der Randwanderungsprozess der **Gegenwart**, der in der Stadtgeographie und Stadtplanung als **Suburbanisierung** bezeichnet wird, häufig mit einem **Bevölkerungsrückgang in der Stadt** selbst verbunden. D.h. das Wachstum des Umlandes erfolgt zu einem großen Teil auf Kosten der Stadt, die durch die Randwanderung Einwohner verliert, deren Bevölkerungsdichte also abnimmt.

Definition Daher definierten auch Friedrichs und von Rohr (1975, S. 30) die Suburbanisierung als **intraregionalen Dekonzentrationsprozess**. Friedrichs (1995, S. 99) erweiterte diese Definition und sprach von „Verlagerung von Nutzungen und Bevölkerung aus der Kernstadt, dem ländlichen Raum oder anderen metropolitanen Gebieten in das städtische Umland ...“, und Gaebe (2004, S. 63) betont „die Verschiebung des Schwerpunkts der Verteilung von Bevölkerung und Beschäftigung innerhalb des städtischen Raumes von der Kernstadt ins Umland ...“. Mit anderen Worten: Die Bevölkerungszahl des Umlandes erhöht sich einerseits durch Abwanderung aus der Stadt in die Rand- und Umlandgemeinden, andererseits durch Zuzüge von außen, aus dem ländlichen Raum und aus anderen Großstadtagglomerationen in den betreffenden städtischen Verdichtungsraum, wobei in diesem Fall der Wohnsitz der Zuwanderer nicht in der Stadt selbst, sondern von Anfang an in einer Umlandgemeinde gewählt wird.

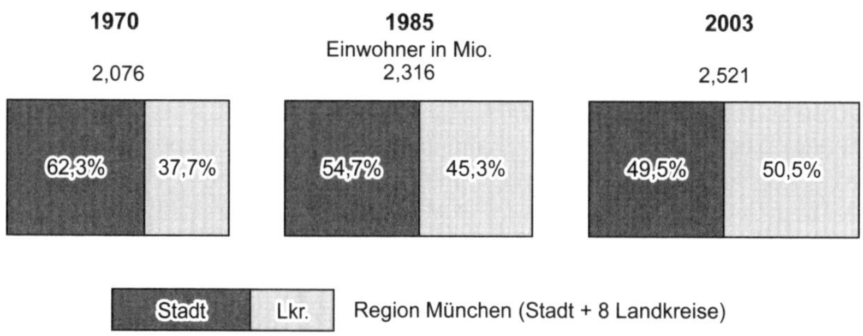

Abb. 2.5: Bevölkerungssuburbanisierung am Beispiel der Region München. Verschiebung des Bevölkerungsschwerpunkts von der Stadt in die Umlandkreise 1970–2003 (Daten des BAYERISCHEN LANDESAMTES FÜR STATISTIK UND DATENVERARBEITUNG).

Abbildung 2.5 zeigt am Beispiel der Stadt München, wie stark sich in nur drei Jahrzehnten durch Suburbanisierungsprozesse das **Verhältnis von Stadt und Umland in Bezug auf die Bevölkerungszahl** verändert hat, wobei hier die amtlich abgegrenzte Planungsregion mit ihren acht um die Stadt angeordneten Landkreisen grob als Summe von Stadt und Umland gesehen werden kann. Während 1970 noch 62,3 % der Regionsbevölkerung in der Stadt und nur 37,7 % in den Umlandkreisen wohnte, veränderte sich durch **langsame Bevölkerungsabnahme der Stadt** bei gleichzeitigem **starken Wachstum der kreisangehörigen Gemeinden** das gegenseitige Zahlenverhältnis in den 1970er, 80er und 90er Jahren so stark, dass 2003 bereits mehr als die Hälfte der Regionsbewohner in den Gemeinden der Umlandkreise und nur noch 49,5 % innerhalb der Stadtgrenzen wohnten. Der bevölkerungsmäßige Schwerpunkt der Region München hat sich also deutlich in den suburbanen und den angrenzenden stadtnahen ländlichen Raum verlagert. Beispiel München

Der Prozess der Suburbanisierung begann bereits vor dem 2. Weltkrieg in den USA, wo auch die Bezeichnung („suburbanization") geprägt wurde. Er führte dort schon in der Mitte des 20. Jahrhunderts zur weitgehenden Entleerung vieler ehemals dicht bevölkerter Innenstädte und zum sog. **„urban sprawl"**, der flächenhaften Entwicklung sehr ausgedehnter Vorortsiedlungen mit Einfamilienhausbebauung vor allem der städtischen Mittel- und Oberschicht, die sich in einem breiten Gürtel um die Städte erstrecken (vgl. HOFMEISTER 1971, S. 90ff.). BLUME (1987, S. 184) datiert den Beginn der besonders kräftigen **Entwicklung der „suburbia"** auf **1950** und sieht den Stadtrand als Problemgebiet wegen des „außerordentlichen Flächenbedarfs bei geringer Bevölkerungsdichte", wegen des hohen Motorisierungsgrades „bei völlig unzulänglichen öffentlichen Verkehrsmitteln" und wegen der „außerordentlichen Monotonie in der Physiognomie des Siedlungsbildes". HOLZ- Beginn der Suburbanisierung in den USA

NER (1990, 1996) beschreibt das vor allem durch die Suburbanisierung gekennzeichnete „Stadtland USA“ und stellt fest, die Amerikaner seien „eine durch und durch ‚suburbane‘ Nation“ geworden und damit das amerikanische Stadtland eine „**Vorort-Kulturlandschaft**: ein Kompromiß zwischen Stadt und Land“. (HOLZNER 1996, S. 37).

Europäische Suburbanisierung

Auch in der Bundesrepublik Deutschland und in anderen Staaten Westeuropas führte die Bevölkerungssuburbanisierung – wie das Beispiel München zeigte – vielfach zu Entleerungs- oder zumindest zu **Auflockerungstendenzen der Bevölkerung** in den zentralen Teilen der Kernstädte und auf der anderen Seite zu **verstärkter Flächeninanspruchnahme** durch die Entwicklung neuer großer Wohnsiedlungsgebiete in den Umlandgemeinden. Da ebenso wie in den USA auch hier, verglichen mit innerstädtischen Wohnvierteln, in der Regel in wesentlich aufgelockerterer Form gebaut wird, häufig in Gestalt von Einfamilienhäusern mit entsprechenden Gartenflächen, führt die Suburbanisierung der Bevölkerung fast immer zu einer „Entdichtung“, einer **Verringerung der Wohndichte** und einer Zunahme der Siedlungs- und der Wohnfläche pro Einwohner.

Vergleich Europa – USA

Einen wichtigen Unterschied zur Suburbanisierung in den USA weist die Entwicklung in Deutschland und anderen europäischen Ländern in der Regel auf: Da die Städte, im Gegensatz zur Siedlungsstruktur des erst relativ spät europäisch besiedelten „Neulandes“ USA, meist von einem Gürtel ländlicher Siedlungen, **historisch gewachsener Dörfer**, Weiler usw. umgeben waren, dienten diese als **Ansatzpunkte für städtische Wohnbebauung** und entwickelten sich häufig zu mehr oder weniger **selbstständigen Siedlungseinheiten**. Auf diese Weise wurde das Entstehen sehr großflächiger, unstrukturierter suburbaner Siedlungen ohne verdichteten Kern nach nordamerikanischem Muster – häufig kritisch als „Siedlungsbrei“ bezeichnet – meist vermieden bzw. trat nur in wesentlich geringerem Umfang auf. Suburbane Siedlungen gruppieren sich im altbesiedelten Europa in der Regel um historische Dorfkerne, die sich häufig zu städtisch strukturierten Zentren entwickelten oder von der Ortsplanung als solche vorgesehen sind (vgl. 2.4.3). Schon HOFMEISTER (1971, S. 107) weist darauf hin, dass das **Fehlen von historischen Dorfkernen im Umland nordamerikanischer Städte**, die als Ansätze für die weitere Siedlungsentwicklung dienen könnten, ein wichtiger Grund für die – im Gegensatz zu West- und Mitteleuropa – **bauliche und strukturelle Homogenität** der Stadtrandsiedlungen ist.

Pull- und push-Faktoren

Die **Ursachen der Rand- und Umlandwanderung** der städtischen Bevölkerung, die zur Suburbanisierung führt, sind vielfältig und bestehen aus größeren Bündeln von push- und pull-Faktoren, die sich im konkreten Fall selten eindeutig zuordnen lassen. Als besonders wichtige Faktoren werden in einschlägigen Untersuchungen meist genannt (ohne wertende Rangfolge):

- **schlechte Wohnumfeldverhältnisse** in der Stadt (Verkehrs- und Gewerbelärm, Abgase, Mangel an Freiräumen) im Gegensatz zum „Wohnen im Grünen“, in Siedlungen mit aufgelockerter Bauweise, geringerer Verkehrsbelastung und sauberer Luft im Umland der Stadt;
- **Mangel an Spiel- und Bewegungsmöglichkeiten** für Kinder in dicht bebauten Stadtvierteln im Gegensatz zu freieren Entfaltungsmöglichkeiten und geringerer Gefährdung durch den Straßenverkehr in Stadtrandsiedlungen;

- bessere und schnellere **Erreichbarkeit** von Freizeit- und Erholungseinrichtungen des ländlichen Raumes vom Stadtrand aus im Gegensatz zur Wohnung in der Innenstadt;
- Verfügbarkeit von **Bauland für Wohneigentum** (Einfamilienhaus, Eigentumswohnung) im Umland oder im stadtnahen ländlichen Raum im Gegensatz zur Flächenknappheit in der Stadt selbst, durch die sich der Wunsch nach einem Eigenheim in der Stadt häufig gar nicht oder nur unter großen Schwierigkeiten realisieren lässt;
- **geringere Boden- und Mietpreise** im Umland aufgrund des größeren Angebots im Vergleich zu innerstädtischen Vierteln;
- kürzerer und schnellerer **Weg zur Arbeit** für Beschäftigte von Unternehmen, die sich am Stadtrand angesiedelt haben (Neugründungen oder Betriebsverlagerungen aus der Stadt; vgl. 2.4.1.2 bzw. 2.4.1.3);
- Vorteile des Wohnens in einer **kleineren, überschaubaren Gemeinde** im Umland verglichen mit der anonymeren Stadt (mehr politische Mitsprachemöglichkeit, größere Nähe zu den lokalpolitischen Entscheidungsträgern, intensivere Sozialkontakte, persönlichere Nachbarschaftsbeziehungen u. Ä.);
- häufig **bessere Ausstattung** der Umlandgemeinden mit wohnungsnaher Freizeitinfrastruktur, Sportstätten, Kindergärten und Schulen aufgrund der meist günstigeren finanziellen Situation im Vergleich zur Kernstadt.

Politisch unterstütztes Modell „Suburbia“

Selbstverständlich können einige dieser Faktoren unter anderem Blickwinkel, d. h. bei **Bevölkerungsgruppen mit anderen Wohnpräferenzen**, auch als **negativer Aspekt**, als Hindernis für eine Wanderung an den Stadtrand angesehen werden. Bestimmte soziale Gruppen, z. B. allein lebende jüngere Personen, ziehen mehrheitlich eine Etagenwohnung in der betriebsamen Innenstadt mit ihrem spezifischen Freizeit- und Kulturangebot einem Einfamilienhaus in einer ruhigen Stadtrandsiedlung vor, sie lieben eventuell die Anonymität im städtischen Mietshaus und scheuen die teilweise langen Pendelwege von der Umlandgemeinde zum Arbeitsplatz im Stadtzentrum usw. Die Entwicklung insbesondere seit den 1960er Jahren zeigte jedoch, dass das Modell „Wohnen in der Suburbia“ eine große Attraktivität besitzt. Hierzu trug auch die **Steuer-, Siedlungs- und Verkehrspolitik** von Bund, Ländern und Gemeinden bei, die in der Bundesrepublik Deutschland den Trend zum Wohnen am Stadtrand und im Stadtumland begünstigte, z. B. durch die Subventionierung des Eigenheimbaus (**„Eigenheimzulage“**), durch die großzügige Ausweisung von Wohnbaugebieten im Stadtumland und im stadtnahen ländlichen Raum mit Hilfe der Bauleitplanung der Gemeinden, durch die steuerliche Begünstigung des Pendelns zwischen Wohnung und Arbeitsplatz (**„Pendlerpauschale“**), durch groß dimensionierte Straßenverbindungen zwischen Stadt und Umland und den Betrieb **subventionierter Systeme des öffentlichen Personennahverkehrs** zur Anbindung der äußeren Teile der Agglomerationsräume an die Kernstadt.

Kritik

Diese und ähnliche Maßnahmen sind zwar ohne Zweifel bedarfsgerecht und entsprechen den Wünschen und Bedürfnissen großer Teile der Bevölkerung, wirken aber verstärkend auf den Trend zur Suburbanisierung. Kritisiert wird dieser Trend vor allem **von ökologischer Seite**, da er zu einer starken Inanspruchnahme bisher naturnaher Flächen für Siedlungs- und Verkehrszwecke führt. Dieser häufig mit der nicht korrekten und irreführenden

Bezeichnung „Flächenverbrauch" (eine Fläche kann man nicht verbrauchen, nur gebrauchen und für andere Nutzungen umfunktionieren) benannte Vorgang ist gerade im Stadtumland besonders ausgeprägt, so dass es inzwischen in vielen Städten **Gegenbewegungen** in Form von entsprechenden Programmen und Planungen gibt. Durch kompaktes Bauen, durch Wiedernutzung vorher anders genutzter Flächen („Flächenrecycling" von Konversionsflächen) und durch Mobilisierung von Baulandreserven im Innenbereich („Nachverdichtung") sollen sie den Trend zur Rand- und Umlandwanderung begrenzen.

2.4.1.2 Industriesuburbanisierung

Ausgangsbedingungen

Die Tendenz zur Wanderung an den Stadtrand und in das Stadtumland hat auch die Industrie und andere Bereiche des produzierenden Gewerbes ergriffen, so dass inzwischen die Begriffe Industrie- bzw. Gewerbesuburbanisierung geprägt wurden. Während des Industriezeitalters hatte sich zunächst eine **enge räumliche und funktionale Vernetzung** von Wohn- und Industriestandorten in Städten entwickelt; in Deutschland wurden die neu entstehenden Industrieanlagen, oft in Fortführung älterer handwerklicher Betriebe, häufig im Innenstadtbereich oder in zentrumsnahen Stadterweiterungen der „Gründerzeit" in engster Nachbarschaft von Wohnquartieren errichtet. Typisch für Neubaugebiete aus der Zeit der Industrialisierung war in England, Frankreich und auch in Deutschland die **Ansiedlung der Arbeiter in Werkssiedlungen** direkt auf dem Fabrikgelände, wie es Bergbausiedlungen aus jener Zeit im Ruhrgebiet bis heute zeigen.

Entwicklung im 20. Jh.

Seit dieser Zeit ist in allen Industriestaaten ein langsamer Prozess der **Wanderung von Industriestandorten**, vor allem aus Platzgründen, aus der Innenstadt in Vororte oder Randgemeinden vonstatten gegangen, die im Zuge dieser Entwicklung meist eingemeindet wurden (vgl. 2.4.6). Daneben wurden großflächige oder die Bevölkerung stark störende neue Betriebe in der Regel von vornherein in Stadtrandlagen errichtet (z. B. Montanindustrie, Fahrzeugindustrie). **Bis zur Mitte des 20. Jahrhunderts** kam es jedoch nur selten zu einer gänzlichen Abwanderung von Industriebetrieben aus Städten und ihrer Ansiedlung im Stadtumland. So konnte Thürauf (1975, S. 97) noch für die **1950er und 60er Jahre** internationale Literatur zitieren, die „einen niedrigen Grad der Suburbanisierung … des produzierenden Gewerbes" nachwies. Erst **seit den 1970er Jahren** begann sich der Prozess der Rand- und Umlandwanderung auch sehr stark auf den produzierenden Sektor zu erstrecken, und in der Gegenwart sehen Maier und Beck (2000, S. 117) die Industriesuburbanisierung als „einen Vorgang, der in jeder Großstadt, aber auch in vielen kleineren Städten beobachtet werden kann".

Prozesse

Die Industriesuburbanisierung äußert sich in der Regel in Form von **drei Einzelprozessen**, die vor allem am Rande größerer Städte gemeinsam auftreten. Es handelt sich einerseits um die **Abwanderung bestehender Unternehmen** aus der Kernstadt in den suburbanen Raum, zweitens um die **Neugründung von Unternehmen** in einem Gewerbegebiet einer Umlandgemeinde und schließlich um die **Verlagerung existierender Unternehmen aus einer anderen Region** des In- oder Auslandes in eine Stadtregion, wobei von vornherein ein peripherer Standort gewählt wird. Die Ursachen der Suburbanisierung im industriellen Bereich sind im Einzelfall in der Regel eindeutiger zu erfassen als bei der Bevölkerungssuburbanisierung. An erster Stelle der Gründe für die Niederlassung eines Industrieunternehmens im Stadtumland steht das **Angebot an größeren geeigneten Flächen**, und zwar meist **zu einem wesentlich niedrigeren Preis**, als er in der Stadt selbst zu entrichten wäre – Flächenverfügbarkeit vorausgesetzt. Die höheren Bodenpreise im engeren Stadtbereich können sich auch indirekt auswirken, da sie einen Anreiz geben, den Betrieb auszulagern und den alten Standort für Nutzungen vorzusehen, die höhere Rendite erwarten lassen bzw. für die die Innenstadt der geeignetere Standort ist (z. B. hochwertige Wohn- oder Dienstleistungsfunktionen).

Push-Faktoren

Eine wichtige Rolle als push-Faktor für eine Betriebsverlagerung spielt häufig auch die **Unverträglichkeit industrieller Produktionsprozesse mit angrenzender Wohnnutzung** (Lärm-, Geruchs- und Abgasemissionen). Auch **Verkehrsprobleme** (An- und Abtransport von Rohstoffen und Fertigwaren) führen häufig dazu, dass Alternativstandorte am Stadtrand oder im Umland bevorzugt werden. Insbesondere die seit mehreren Jahrzehnten zu beobachtende weitgehende Verlagerung von Gütertransportvorgängen von der früher dominierenden Eisenbahn auf den Straßentransport per LKW hat dazu geführt, dass sich großflächige Industrie- und Gewerbegebiete an wichtigen Durchgangsstraßen oder in der Nähe von Autobahnanschlüssen im suburbanen Raum zu begehrten Standorten entwickelt haben. Früher stark nachgefragte Standorte in der Nähe von innerstädtischen Güterbahnhöfen oder von Bahnlinien (mit Gleisanschlüssen für Gewerbebetriebe) wurden durch diesen **Wechsel des Transportmittels** völlig entwertet zugunsten von neuen Standorten im Stadtumland. Gefördert wird diese Verlagerungstendenz auch durch den **zunehmenden Platzbedarf** moderner Industrieanlagen mit Fließband- und Roboterfertigung. Diese sind am rationellsten in ebenerdigen Hallen anstelle der früher üblichen Fertigung in mehrstöckigen Fabrikgebäuden unterzubringen.

Pull-Faktoren

Für die Wahl des Standortes in einer konkreten Gemeinde des Umlandes einer Stadt kann – neben Aspekten wie der Flächenverfügbarkeit, den Bodenpreisen und der Verkehrslage – auch die **Höhe der Gemeindesteuern**, hier insbesondere der Gewerbesteuer, eine Rolle spielen. Da in Deutschland die Gemeinden bei der Festsetzung ihrer Steuerhebesätze weitgehend autonom sind, ist selbst eine beträchtliche Differenz der steuerlichen Belastung eines Betriebes innerhalb des Umlands einer einzigen Stadt möglich. Dagegen sind die Wohnsitze der Beschäftigten bei Standortverlagerungen innerhalb eines Agglomerationsraumes kaum von Bedeutung, da seitens der Arbeitgeber in der Regel genügend **Mobilität der Betriebsangehörigen** vorausgesetzt wird und diese meist auch ohne Probleme gegeben ist (Pendelverkehr; vgl. 2.4.2.1).

2.4.1.3 Dienstleistungssuburbanisierung

Dienstleistungstypen

Die Suburbanisierung von Dienstleistungsbetrieben begann in Westeuropa, im Gegensatz zu den USA, erst in den 1970er und 80er Jahren in größerem Umfang, verläuft aber seitdem ebenso schnell. Ähnlich wie im produzierenden Gewerbe ist auch bei der Stadtrand- bzw. Stadtumlandwanderung von

Dienstleistungsunternehmen die Verfügbarkeit geeigneter größerer Flächen die Hauptursache der entsprechenden Verlagerungen. Es handelt sich hierbei um unterschiedliche Typen von Dienstleistungen, deren gemeinsames Kennzeichen der **Flächenbedarf** ist. Im Wesentlichen sind es:

- **Logistik-, Lager- und Großhandelsbetriebe**, Speditionen und Verkehrsbetriebe. Während derartige Unternehmen früher – zu Zeiten der Dominanz der Eisenbahn bei Gütertransporten – ihren bevorzugten Standort an Bahnlinien und in der Nachbarschaft von Güterbahnhöfen hatten (wenn man von Hafenstandorten absieht), präferieren sie heute Standorte am Rande von Städten in unmittelbarer Nähe leistungsfähiger Hauptverkehrsstraßen und Autobahnen. Ein Beispiel stellen Post- und Paketunternehmen dar. Gegenüber der früher fast ausschließlichen Beförderung der Post per Bahn wird heute der weit überwiegende Teil auf der Straße **per LKW transportiert**; die Postverteilzentren wanderten an den Rand von Agglomerationsräumen möglichst **nahe an Autobahnzufahrten**.
- **großflächige Einzelhandelsbetriebe**, Selbstbedienungswarenhäuser, Bau- und Garten-, Möbel-, Textil-, Elektronik- und andere **Fachmärkte**. Gemeinsam ist allen diesen Betrieben der sehr große Platzbedarf für die Präsentation des in der Regel umfangreichen Warensortiments und für die Kundenparkplätze. Dabei wird die Wanderung der Unternehmen in den suburbanen Raum bzw. die Neugründung von Betrieben im Stadtumland stark durch die **Veränderung des Einkaufsverhaltens** großer Teile der Bevölkerung gefördert, die weniger häufig, aber dafür motorisiert größere Mengen und auch länger haltbare Lebensmittel (z. B. Tiefkühlkost) einkaufen. Zudem verursachen das Selbstbedienungsprinzip, die aus Wettbewerbsgründen und zur Kosteneinsparung in den letzten Jahrzehnten enorm vergrößerten Verkaufsflächen und das Bestreben, Geschossbauten möglichst zu vermeiden und nur auf einer Ebene zu verkaufen, einen erhöhten Flächenbedarf, wie er in den Innenstädten kaum zu realisieren ist (vgl. Kulke 2005, S. 515 ff.). Einen gewissen Einfluss übt auch die **Suburbanisierung der Bevölkerung** aus, d. h. insbesondere Betriebe des Lebensmitteleinzelhandels schließen sich der in das Stadtumland wandernden Bevölkerung an. In der Regel beschränkt sich jedoch das Kundeneinzugsgebiet von Großmärkten im Stadtumland nicht auf die nähere Umgebung.
- **Bürobetriebe**. Bei der Randwanderung von Verwaltungen, privaten wie öffentlichen Organisationen, Behörden und sonstigen Bürobetrieben ist fast immer zusätzlicher Flächenbedarf die ausschlaggebende Ursache für eine Niederlassung im suburbanen Raum. Dazu kommt gelegentlich bei **Betrieben ohne** oder mit nur geringem **Publikumsverkehr** die Überlegung, wertvolles Bauland für renditeträchtigere Nutzungen im Stadtzentrum frei zu machen und die Büros auf billigere Grundstücke zu verlagern. Nicht selten sind hierbei Standortspaltungen die Folge. Beispielsweise behält eine Bank ihre Schalter und Büros zur Beratung der Kunden in der City und verlagert nur ihre Verwaltung und ihr Rechenzentrum in das Umland der Stadt.
- **Hochschul- und Forschungsinstitute**. Vom Aspekt des Flächenanspruchs betrachtet gehören auch Universitäten und andere Hochschulen sowie öffentliche wie private Institute für Forschung und Entwicklung zu den Dienstleistungsbetrieben. Für **Hochschulneugründungen** seit dem Zwei-

ten Weltkrieg wurden in der Regel Standorte am Stadtrand oder im Stadtumland vorgesehen (z. B. neue Universitäten in Bochum, Bielefeld, Trier, Regensburg, Augsburg, Bayreuth u. a.), notwendig gewordene **Erweiterungen älterer innerstädtischer Universitäten** dagegen wurden meistens in der Nähe der alten Standorte realisiert (z. B. München, Erlangen, Göttingen, Hamburg). Inzwischen ist jedoch bei vielen dieser Hochschulen mit altem innerstädtischen Standort eine **Stadtrandwanderung** einzelner Institute oder von ganzen Fakultäten zu beobachten, um Hörsäle, Labors und Bibliotheken auf großzügiger geschnittenen Flächen mit Erweiterungsmöglichkeiten unterzubringen. Man kann hier durchaus von **„Wissenschaftssuburbanisierung"** sprechen. Beispiele sind im Fall der Münchner Universitäten die Standorte Garching im nördlichen und Martinsried im südlichen Stadtumland. Diese Campus-Neugründungen befördern wiederum die Dienstleistungssuburbanisierung auch im privaten Bereich.

2.4.2 Funktionale Stadt-Umland-Beziehungen

2.4.2.1 Arbeitsfunktionale Beziehungen und Pendelverkehr

Definition Pendelverkehr

Der Pendelverkehr gehört, neben den zentralörtlichen bzw. versorgungsfunktionalen Beziehungen (vgl. 2.4.2.2), zu den wichtigsten geographisch relevanten Komponenten des Gesamtkomplexes Stadt-Umland-Verflechtungen. Er wird allgemein als derjenige Teil des Personenverkehrs definiert, der durch den regelmäßig, meist täglich zurückgelegten Weg zwischen Wohnung und Arbeitsplatz (**Berufs- oder Arbeitspendelverkehr**) oder Ausbildungsstätte (**Schüler- bzw. Ausbildungspendelverkehr**) verursacht wird. Letzterer kann als Ausdruck der Versorgungsfunktion der Kernstadt im Schul- und Ausbildungsbereich erklärt werden. Beim Berufspendelverkehr handelt es sich um das **Ergebnis arbeitsfunktionaler Verflechtungen** im Stadt-Umland-Bereich, wobei sich in den letzten Jahren durch den Suburbanisierungsprozess (vgl. 2.4.1) wesentliche Veränderungen ergeben haben.

Arbeiten und Wohnen in der Agrargesellschaft

Der Pendelverkehr als Ergebnis und Ausdruck räumlicher Trennung von Wohnung und Arbeitsplatz gehört zu den geographisch bedeutsamsten Phänomenen in der Folge des Übergangs von der Agrar- zur Industrie- und Dienstleistungsgesellschaft. Er hängt insofern eng mit der zunehmenden zeitlichen, räumlichen und bewusstseinsmäßigen Trennung von Arbeitsleben und Privat- bzw. Freizeitsphäre zusammen. Für die Agrargesellschaft war eine **enge räumliche Verbindung** der Standorte „Arbeiten" und „Wohnen" charakteristisch. **Wohnung und Arbeitsplatz** befanden sich nicht nur in derselben Gemeinde, sondern waren weitgehend im selben Haus vereint. Das Leben spielte sich fast ausschließlich an einem räumlich und funktional vom Arbeits- und Berufsleben vorgegebenen Standort ab. Dies galt nicht nur für die agrarisch tätige Bevölkerung, sondern ebenso für die große Mehrheit der Einwohner der Städte in der **vor- und frühindustriellen Epoche**, wo in aller Regel Wohnung und Werkstatt, Ladengeschäft und dergleichen unter einem Dach vereint waren. Für ländliche Räume ist es bis heute vielfach typisch, dass Selbstständige (Einzelhändler, Handwerker, Ärzte, Rechtsanwälte usw.) ihren Arbeitsplatz im gleichen Haus haben wie ihre Wohnung.

Arbeiten und Wohnen während der Industrialisierung

Die erste Lockerung dieser früher selbstverständlichen engen Bindung erfolgte im Zeitalter der Industrialisierung. Für die neu entstehende Schicht der Fabrikarbeiter, aber auch für die wachsende Zahl der Beschäftigten in Bergwerken, Handwerksbetrieben, Kaufhäusern und in dem sich rasch ausbreitenden Bereich der öffentlichen Verwaltung wurden **Wohnsiedlungen**, oft ganze **städtische Vororte, neu erbaut**. Eine **gewisse räumliche Bindung** zwischen Wohnung und Arbeitsplatz blieb aber, vor allem **aus Gründen der Erreichbarkeit**, nach wie vor bestehen, wenn auch nicht immer in der engen Weise wie im Fall vieler Arbeiter- und Bergmannssiedlungen. In den alten englischen Industriegebieten, aber auch im Ruhrkohlenrevier wurden diese Siedlungen häufig **auf dem Betriebsgelände** selbst errichtet (vgl. z. B. Leister 1970, S. 22 ff. zum Wohnungsbau in englischen Industriestädten; Busch 1965, S. 180 ff. zum Hausbesitz in Wanne-Eickel als Beispiel für Ruhrgebietsstädte). Fußläufige Entfernungen zwischen Wohnung und Arbeitsplatz waren aber auch sonst bis weit in das 20. Jahrhundert hinein die Regel; die Einheit von Wohn- und Arbeitsgemeinde wurde nur selten durchbrochen.

Arbeiten und Wohnen nach dem 2. Weltkrieg

Dies änderte sich jedoch grundlegend mit der Einrichtung leistungsfähiger **öffentlicher Nahverkehrsmittel** und – im westlichen Europa nach dem Zweiten Weltkrieg – mit der sich rasch durchsetzenden **privaten Motorisierung**. Erst diese erhöhte Mobilität ließ eine stärkere räumliche Trennung von Wohnung und Arbeitsstätte zu und ermöglichte es, dass große Teile der Arbeitsbevölkerung sich unter Beibehaltung des innerstädtischen Arbeitsplatzes am Stadtrand und im Stadtumland niederlassen konnten. Dadurch wuchs der Pendelverkehr zu seiner heutigen Größenordnung an. Eine **deutliche räumliche Trennung** zwischen Wohnung und Arbeitsplatz ist heute in allen Gemeinden mit überwiegend nicht landwirtschaftlicher Beschäftigung – und in erhöhtem Maße im Verhältnis von Stadt und Umland – der Normalfall geworden. Bade und Spiekermann (2001, S. 78 f.) zeigen, dass derzeit deutschlandweit fast 54 % aller sozialversicherungspflichtig Beschäftigten über die Grenze ihrer Wohngemeinde – das **Kriterium für die statistische Pendlerdefinition** – auspendeln. Besonders hohe Werte, teilweise über 85 % der Erwerbspersonen, werden in kleinen Gemeinden des ländlichen Raumes und in Gemeinden des suburbanen Umlandes größerer Städte erreicht, also in Kommunen, die als fast reine Wohngemeinden selbst kaum Arbeitsplätze bieten.

Räumliche Trennung von Arbeiten und Wohnen

Noch in den 1950er und 60er Jahren wurde vielfach die Meinung vertreten, beim Pendeln handle es sich um einen zeitbedingten Missstand bzw. ein raumplanerisches Problem, das man durch Wohnungsbau am Arbeitsstandort beseitigen könne. Es blieb jedoch unbeachtet, dass die früher übliche enge Zuordnung von Wohnung und Arbeitsstätte vom Großteil insbesondere der städtischen Bevölkerung nicht mehr als wünschenswert angesehen wird. Zudem würde sie die Freiheit der Arbeitsplatz- und Wohnstandortwahl erheblich einschränken. Ein Arbeitsplatzwechsel müsste nach derartigen Vorstellungen in der Regel auch einen Wohnungswechsel nach sich ziehen – und umgekehrt. Heute wird das massenhafte Arbeitspendeln als Folge **räumlicher Maßstabsveränderung** und **geänderter Reichweitensysteme im städtischen Umfeld** gesehen, die eng mit der Urbanisierung verbunden sind.

Auswirkungen auf den Raum

Der **Nahbereich einer Stadt**, in eng verflochtenen Agglomerationsräumen vielfach sogar schon die **gesamte Region**, entspricht in seiner Bedeutung für das räumliche Denken und Handeln der heutigen Menschen der **Wohngemeinde von gestern**. Die Urbanisierung führte zur Ausbildung von Arbeitsmarktbereichen in Stadt und Umland, in denen sich aufgrund stark erweiterter Reichweiten die Wohn- und Arbeitsfunktion in einer Weise vernetzen wie in der vor- und frühindustriellen Zeit nur innerhalb eines Ortes. Das Pendeln ist im Bewusstsein der Betroffenen etwas so Selbstverständliches wie früher die Tatsache, dass Wohn- und Arbeitsort identisch waren. Das Kriterium „Berufspendlerverflechtungen" (ausgedrückt durch zentrenorientierte Aus- und Einpendlerquoten und die Stärke der Pendlerströme) ist daher besonders gut geeignet, um eine Aussage über das **Maß der funktionalen Verflechtung** innerhalb eines Agglomerationsraumes bzw. generell zwischen Stadt und Umland zu treffen. Die Quote der Pendler aus dem Umland in die Kernstadt einer Stadtregion wurde daher auch von Boustedt (1967) als wichtiges Kriterium der **Zuordnung von Stadtrandgemeinden zu den einzelnen Umlandzonen** bzw. zur Abgrenzung der einzelnen Zonen gegeneinander verwendet (vgl. 2.4.5.5).

Typisierung von Arbeitspendlern

Für eine Typisierung von Arbeitspendlern und von Ein- und Auspendlergemeinden im Stadt-Umland-Bereich eignet sich einerseits die gegenseitige **Zuordnung von Wohn- und Arbeitsort**, andererseits die **Wohn- bzw. Arbeitsstandortwahl** durch die Beschäftigten. Hier geht es um die Frage, welcher Standort primär vorhanden war und welcher, von diesem ausgehend, dann gewählt wurde. Es haben sich hierfür die Begriffe „autochthoner" und „allochthoner Pendler" eingebürgert, insbesondere seit de Vooys (1968) am Beispiel der Niederlande analysierte, wie sich bereits kurz nach dem Zweiten Weltkrieg in den Randgemeinden um die großen Arbeitsplatzzentren Systeme dieses unterschiedlichen Pendlerverhaltens entwickelten. **Autochthone Pendler** haben als Einheimische ihren Wohnsitz in einer Stadtrand- oder Stadtumlandgemeinde. Sie wurden zu Pendlern, indem sie einen Arbeitsplatz in der Stadt annahmen. Zu dieser Gruppe gehören insbesondere **ehemalige Landwirte** und Nebenerwerbsbauern, die die bisher ausgeübte landwirtschaftliche Tätigkeit völlig oder teilweise aufgaben und sich zur Arbeitsaufnahme in der Stadt im sekundären oder tertiären Sektor der Wirtschaft entschlossen, dabei aber ihren Wohnsitz beibehielten.

Autochthone Pendler bilden vor allem in urbanisierten Dörfern im weiteren Stadtumland eine stärkere Schicht. Ihnen stehen die **allochthonen Pendler** gegenüber, die einen Arbeitsplatz in der Stadt besitzen, ursprünglich auch dort wohnten, dann aber durch die Wahl einer Wohnung im Stadtumland unter Beibehaltung des städtischen Arbeitsplatzes zu Pendlern wurden. Es handelt sich also um die typischen **Stadt-Rand-Wanderer**, die im Verlauf des Suburbanisierungsprozesses (vgl. 2.4.1.1) die Stadt verließen und nun vor allem die Neubaugebiete der Umlandgemeinden bewohnen. Selbstverständlich gehören zu dieser Gruppe auch solche Pendler, die im Rahmen der **interregionalen Wanderung** – meist aus arbeitsplatzorientierten Motiven – in einen städtischen Agglomerationsraum ziehen und trotz einer Arbeitsstätte in der Kernstadt von vornherein ihren Wohnsitz im Umland nehmen. Allochthone Pendler treten sehr zahlreich vor allem in solchen Gemeinden im Umlandbereich größerer Städte auf, die insbesondere in den

1960er und 70er Jahren durch außerordentlich starke Neubautätigkeit und entsprechenden Zuzug eine enorme Erhöhung, häufig Vervielfachung ihrer Einwohnerzahl erfuhren. Sowohl Gemeinden mit überwiegender Hochhaus- und Wohnblockbebauung als auch – meist in den attraktiveren Wohnlagen – solche mit ausgeprägter Einfamilienhausstruktur gehören in diese Gruppe. Häufig sind hier mehr als 80% der Erwerbstätigen Auspendler.

Analyse der Pendlerbeziehungen

Eine weitere Möglichkeit, die Pendlerbeziehungen zwischen Stadt und Umland – und damit indirekt auch die Umlandgemeinden selbst – zu typisieren, ergibt sich durch eine Analyse der **Struktur der Pendlerräume** und der **Richtung der wichtigsten Pendlerströme** (vgl. Klingbeil 1969, S. 126ff.). Wenn auch die **zentripetalen Pendler** aus dem Umland in die Stadt nach wie vor zahlenmäßig am bedeutendsten sind, so bildeten sich daneben inzwischen weitere Pendelrichtungen aus, die im Zusammenhang mit Neuansiedlungen von Gewerbebetrieben und Standortverlagerungen von Arbeitsstätten aus der Kernstadt in die Umlandgemeinden stehen (Industrie- und Gewerbesuburbanisierung, vgl. 2.4.1.2, 2.4.1.3). Dadurch sind **neue Einpendlerzentren im Stadtumland** entstanden. Neben die älteren Rand- bzw. Umland-Kern-Beziehungen im Pendelverkehr treten zunehmend auch **zentrifugale Pendlerströme** aus der Stadt in Rand- und Umlandgemeinden, z. B. nach der Verlagerung ehemals innerstädtischer Betriebe, deren Beschäftigte überwiegend in der Stadt selbst wohnen. Daneben existieren natürlich auch in steigendem Maße interne Wohnort-Arbeitsort-Verflechtungen im suburbanen Raum, dokumentierbar durch **Pendlerströme zwischen einzelnen Umlandgemeinden**. Wir können also in den arbeitsfunktionalen Beziehungen im Stadt-Umland-Bereich die Rand-Kern-, die Kern-Rand-, die Rand-Rand- und die Kern-Kern-Pendler unterscheiden.

Mono- vs. polyzentrische Pendlerräume

Obige Raum- und Aktivitätenmuster beziehen sich weitgehend auf hierarchisch gestufte monozentrische Pendlerräume, also **Arbeitsmarkträume mit einem dominanten Kern**, meist einer Mittel- oder Großstadt einschließlich eines umfangreichen Pendlereinzugsgebietes. In ihrem Umland können sich untergeordnete Arbeitsplatzzentren mit eigenen kleinen Pendlereinzugsgebieten befinden, die aber zur Gänze dem übergeordneten Zentrum tributär sind. Beispiele für derart strukturierte Pendlerräume sind die **großen monozentrischen Agglomerationsräume** wie Berlin, Hamburg, München oder Stuttgart. Ihnen stehen die polyzentrischen Pendlerräume gegenüber, unter denen wiederum hierarchisch gestufte von solchen unterschieden werden können, denen eindeutige Über- oder Unterordnungen fehlen (vgl. Abb. 2.6). Zu den ersteren zählen insbesondere die **Stadtregionen mit zwei oder mehr**, meist eng benachbart liegenden **Kernstädten**. Sie stellen als Ganzes ein Einpendlerzentrum für ihren gemeinsamen Einzugsbereich dar, weisen andererseits – im Unterschied zu monozentrischen Strukturen – aber auch untereinander starke Pendlerströme auf. Beispiele für diesen Typ bestehen im Agglomerationsraum Nürnberg/Fürth/Erlangen oder im Raum der **Doppelzentren** Mannheim/Ludwigshafen und Mainz/Wiesbaden. Das Rhein-Main-Gebiet als Ganzes tendiert dagegen eher zum Typ des polyzentrischen Pendlerraumes **ohne eindeutige Hierarchisierung**, wie er vor allem im Rhein-Ruhr-Gebiet ausgeprägt ist. Typisch sind hier starke Überlagerungen der Pendlereinzugsbereiche relativ nahe gelegener größerer Einpendlerzentren sowie in der Regel auch starke Pendlerströme zwi-

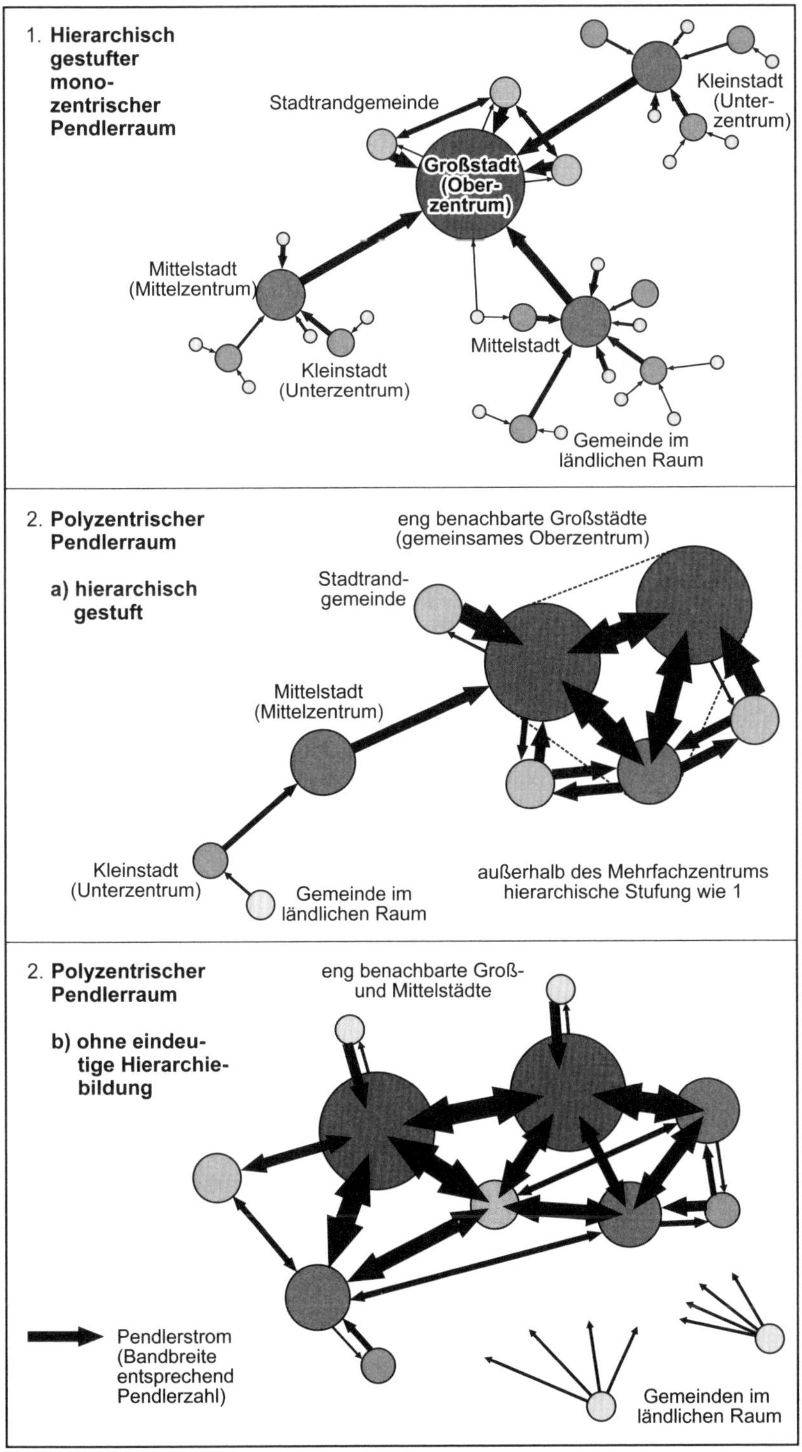

Abb. 2.6: Typen von Pendlerräumen im Stadt-Umland-Bereich (PAESLER 1992).

schen diesen Zentren selbst, die durch intensive sozio-ökonomische Verflechtungen gekennzeichnet sind.

Aktuelle Anbindungsprobleme

Charakteristisch für alle genannten Pendlerräume ist die oben schon erwähnte Tatsache, dass seit Jahren die stärksten Zuwächse in der Regel nicht mehr in den Wohnort-Arbeitsplatz-Beziehungen zwischen Kern und Rand bzw. Umland auftreten, sondern in den **Bewegungen innerhalb des Umlandes**. Im Sinne des Bestrebens, den Pendelverkehr möglichst durch den öffentlichen Personennahverkehr (ÖPNV) zu bewältigen, wird diese Entwicklung, die mit der Industrie- und Gewerbesuburbanisierung zusammenhängt, zunehmend problematisch. Insbesondere die Linien des **schienengebundenen ÖPNV** (Vorortverkehr der Bahn, S-Bahn, U-Bahn) verlaufen – bedingt durch die Zeit ihrer Entstehung – ganz überwiegend **zentrenorientiert**, während für viele Pendler Ring- bzw. Tangentenlinien wesentlich verkürzte Wege brächten. Die Folge ist, dass in vielen Stadtregionen für Arbeitspendler innerhalb des suburbanen Raumes der ÖPNV mangels attraktiver Verbindungen eine **wesentlich geringere Rolle** spielt als für Pendler aus dem Umland in die Kernstadt.

2.4.2.2 Versorgungsfunktionale Beziehungen

Zentrale-Orte-Modell

Unter allen funktionalen Beziehungen zwischen Stadt und Umland hat der Bereich der **Versorgung mit Gütern und Dienstleistungen** in den letzten Jahrzehnten den **größten Wandel** erfahren. Das „klassische" Modell der Versorgungsbeziehungen im Stadtumland wird durch das Zentrale-Orte-Modell nach W. Christaller repräsentiert (vgl. 2.5.1.1). Die Stadt als Standort von Einrichtungen der überörtlichen Versorgung hat nach dieser Modellvorstellung die Aufgabe, **das ländliche Umland**, dem diese Einrichtungen fehlen, **mitzuversorgen**, und zwar durch den Einzelhandel und durch private und öffentliche Dienste, vom Arzt und Rechtsanwalt bis zur Klinik oder Höheren Schule.

Entwicklung der Versorgungssituation

Diesem Modell entsprach ursprünglich auch die tatsächliche Versorgungssituation. Die zunächst **weitgehend landwirtschaftlich strukturierten Dörfer** im Stadtumland boten nur eine **einfache Grundversorgung** mit „Gemischtwarenladen", Grundschule, Bürgermeister und Pfarrer. Erst mit der **Bevölkerungssuburbanisierung** (vgl. 2.4.1.1) siedelten sich nach und nach, entsprechend den steigenden Einwohnerzahlen, spezialisierte Geschäfte (Textilien und Bekleidung, Haushaltswaren, Schreibwaren u. a.) und Dienstleister an (z. B. Ärzte, Banken, handwerkliche Dienstleistungen wie Friseure oder Kraftfahrzeugmechaniker), und die **kommunale Infrastrukturversorgung** wurde **differenzierter** (Kindergarten, Krankenhaus der Grundversorgung, Schulen, Sportstätten usw.). **Bis in die 1980er Jahre** stellten sich aber in Deutschland und anderen europäischen Ländern die Stadtumlandbereiche vielfach als **stark unterversorgt** dar, da es insbesondere für private Dienstleistungen kaum einheimische Betriebe gab und sich nur zögernd Fachärzte, Rechtsanwälte, Handwerker u. Ä. niederließen. Außerdem folgte durch das vielfach sehr rasche Bevölkerungswachstum auch die öffentliche Infrastruktur der Siedlungsentwicklung oft erst mit einem Zeitverzug von mehreren Jahren nach, da die kommunalen Leistungen mit der schnellen Bevölkerungszunahme nicht Schritt halten konnten.

Ausgelagerte Eigenversorgung

Dieser Rückstand bezüglich der ortsnahen Eigenversorgung wurde in der Regel 10–20 Jahre nach Beginn der suburbanen Entwicklung aufgeholt. Wenn trotzdem ein hoher Anteil der Kaufkraft der Bevölkerung in den Stadtrandgemeinden nicht in der eigenen Gemeinde verbleibt, sondern in der Kernstadt ausgegeben wird, hat dies in der Regel mehrere Ursachen: Gerade bei hochwertigen Artikeln wird das meist wesentlich **breitere und tiefere Angebot der großen Fachgeschäfte** in der City der Kernstadt bevorzugt. Bei Auspendlern in die Stadt ist die Tendenz weit verbreitet, sich **am Arbeitsort** auch mit Gütern und Diensten zu **versorgen**, zumal abends nach der Rückkehr in den Wohnort die Einzelhandelsgeschäfte vielfach schon geschlossen sind.

Umkehrung des Zentrale-Orte-Modells

Neben dieser Entwicklung bezüglich der Eigenversorgung ist zur Zeit in allen Ländern Europas, allerdings in unterschiedlicher Intensität und Geschwindigkeit, im Zuge der Dienstleistungssuburbanisierung (vgl. 2.4.1.3) ein Prozess im Gange, der das Zentrale-Orte-Modell in sein Gegenteil zu verkehren scheint. Großflächige Einzelhandelsgeschäfte wie Fachmärkte, Lebensmittel-, Bau-, Elektro-, Textil- und andere Großmärkte verlegen ihre Standorte zunehmend aus beengten und verkehrsmäßig schlecht erschlossenen Innenstadtlagen in **Gewerbegebiete des Stadtumlandes** bzw. werden dort neu gegründet. Vor allem der immer noch steigende **Flächenanspruch** dieser Betriebe kann häufig nur in Stadtrand- oder Umlandlagen befriedigt werden. Er beruht einerseits auf der Zunahme der meist ebenerdigen Verkaufs- und Lagerflächen, wie sie von modernen Selbstbedienungswarenhäusern und Discount-Märkten benötigt werden, andererseits auf dem Parkplatzbedarf der Kunden, die zu einem hohen Anteil mit dem PKW zum Einkaufen fahren.

Verlagerung von City-Funktionen

Diese Tendenz zur Verlagerung von City-Funktionen an den Stadtrand und in das Stadtumland ist insbesondere in Klein- und Mittelstädten mit historischer Bausubstanz (Denkmalschutz) sehr ausgeprägt, da diese im Zentrum nur wenig Erweiterungsmöglichkeiten für Geschäfte und kaum Stellplätze für die Kundenfahrzeuge bieten. Geringer ist die Verlagerung von Versorgungsfunktionen in den suburbanen Raum in solchen Städten, vor allem in Großstädten, deren Geschäftszentren überdurchschnittlich gut mit leistungsfähigen und attraktiven Systemen des öffentlichen Personennahverkehrs ausgestattet sind (z.B. U-Bahn, S-Bahn). In der Mehrzahl sonstiger Städte sind die Versorgungswege der Bevölkerung in zunehmendem Maße nicht mehr zentrenorientiert, sondern zentrifugal an den Stadtrand und in das Stadtumland hin gerichtet. Eine **Extremsituation** zeigen in dieser Hinsicht viele **Städte Angloamerikas**, in denen die **ehemalige City verödet** ist und große Brachflächen aufweist, während die Versorgung der Bevölkerung (auch mit Dienstleistungen) in **„Malls"** im Umland stattfindet. In Deutschland versuchen seit dem Ende des 20. Jahrhunderts viele Städte, mit Hilfe der Bauleitplanung diesem **Trend zur Verlagerung** der Versorgungsstandorte aus dem Zentrum an den Stadtrand und in das Stadtumland **entgegenzuwirken**, um sich teilweise schon abzeichnende Verödungs- und Verfallstendenzen in den Stadtzentren aufzuhalten. Die Landesregierungen unterstützen diese Bemühungen durch entsprechende Regelungen in den Landesentwicklungsplänen.

2.4.2.3 Freizeitfunktionale Beziehungen und Naherholungsverkehr

Begrifflichkeiten

Verglichen mit den Stadt-Umland-Beziehungen in den Bereichen Wohnen (Wanderungsverflechtungen), Arbeiten (Pendlerverflechtungen) und Versorgung (zentralörtliche Beziehungen) haben diejenigen im Bereich der Freizeitfunktion erst relativ spät größere Bedeutung als **kulturlandschaftsprägende Faktoren** erlangt. Die Verkehrsbewegungen zwischen Stadt und Umland während der Freizeit bzw. zum Zwecke der Freizeitgestaltung werden meist unter dem Begriff **„Naherholungsverkehr"** zusammengefasst, aber auch die Begriffe **„Tagesausflugsverkehr"** und **„Tagestourismus"** sind üblich und werden gleichbedeutend verwendet (vgl. JOB et al. 2005, S. 582f.), im englischsprachigen Bereich wird häufig der Begriff „weekend tourism" in gleichem Sinn gebraucht.

Stadtnahe Erholung

Die quantitative Entwicklung der stadtnahen Erholung nach dem 2. Weltkrieg hängt eng mit der wachsenden **Verbreitung der Individualmotorisierung** und mit der **Verlängerung der arbeitsfreien Zeit** zusammen (5-Tage-Woche, arbeitsfreier Samstag). Beide Entwicklungen ermöglichten es ab den 1960er Jahren rasch zunehmenden Zahlen von Stadtbewohnern, zu ausgedehnten **Ausflügen in landschaftlich attraktive Regionen** oder in ausgebaute und entsprechend gepflegte **Erholungsgebiete im Stadtumland** zu fahren. So entstand im letzten Drittel des 20. Jahrhunderts sehr schnell ein massenhafter Tages- und Wochenendtourismus, der ganz überwiegend **zentrifugal** – von der Stadt in die umgebenden Naherholungsgebiete im Umland und in den angrenzenden ländlichen Räumen – ausgerichtet ist. Dieses Phänomen wurde vor allem in den 1960er und 70er Jahren intensiv untersucht. So analysierten z. B. RUPPERT und MAIER (1970) in einer groß angelegten Studie das zahlenmäßige Ausmaß und die Reichweite des Münchner Naherholungsverkehrs. Als bevorzugte Naherholungsgebiete ließen sich die Wälder und Seen im weiteren Stadtumland eingrenzen; als **Radius des gesamten Tages- und Wochenendausflugsverkehrs** ergab sich eine Entfernung von in der Regel nicht mehr als **etwa 100 km**. Diese Entfernung wird, wie neuere Untersuchungen zeigen, auch in der Gegenwart meist nicht überschritten.

Innerstädtische Erholung

Neben diesem zentrifugalen Ausflugsverkehr darf allerdings auch die Bedeutung innerstädtischer Erholungs- und Freizeiteinrichtungen (Stadien und sonstige Sportstätten, Schwimmbäder, Parkanlagen usw.) sowie kultureller Ziele und Sehenswürdigkeiten (Museen, Theater, Konzertsäle, Kinos u. a.) für **Naherholungsaktivitäten der Umlandbewohner** nicht unterschätzt werden. Es existiert also durchaus auch ein nicht unbeträchtlicher Naherholungsverkehr vom Stadtrand zur Innenstadt, und auch das Einkaufen in der City wird bekanntlich zunehmend als Freizeit-Event inszeniert (**„Erlebniseinkauf"**). Ein Ausdruck dieser Verquickung von Versorgungs- und Freizeitfunktion sind die **Urban Entertainment Centers (UEC)**, mit denen – zuerst in den USA und in Kanada – neue Ausflugsziele in den Städten geschaffen wurden (vgl. HAHN 2001; GERHARD 2001). PANGELS (2002) analysiert für die Bundesrepublik Deutschland, Österreich und die Schweiz den „Stellenwert der Innenstädte als Orte für den Erlebniskauf". Er verweist auf die Konkurrenz zwischen „innerstädtischem Einkauf als Freizeitvergnügen" und der Anziehungskraft großflächiger Einzelhandelseinrichtungen im Stadtumland.

Naherholungsgebiete

Naherholung im Stadt-Umland-Bereich erstreckt sich zeitlich von mehrstündigen oder halbtägigen Freizeitbeschäftigungen (Wanderungen, Spaziergänge, Sportausübung, Besichtigungen, Besuch von Ausflugslokalen usw.) bis zum ausgedehnteren Wochenendausflug. Die am häufigsten besuchten Naherholungsgebiete befinden sich im weiteren Umland größerer Städte und im angrenzenden stadtnahen ländlichen Raum, insbesondere wenn sich dort **attraktive naturnahe Räume** (Seen, Badegelände, Waldgebiete, Skiregionen) befinden oder die Nachfrage nach Freizeit- und Erholungseinrichtungen zum **Ausbau einer entsprechenden Infrastruktur** geführt hat (von Waldrandparkplätzen und Wanderwegen über Strandbäder an Seeufern bis zu Ausflugsgaststätten und Biergärten). Potthoff und Schnell (2000, S. 46f.) zeigen, dass die **durchschnittliche Ausflugsdistanz** von Großstadtbewohnern in Deutschland bei **68 km pro Richtung** liegt, dass aber – je nach dem Vorhandensein attraktiver Erholungsgebiete – die Freizeitfunktion auch für Gemeinden im engeren Verdichtungsraum eine wichtige Rolle spielen kann.

Finanzierungsproblem

Da **Bau, Unterhalt und Pflege von Naherholungseinrichtungen** im Stadtumland hohe Kosten verursachen, die in der Regel nicht durch Einnahmen gedeckt werden können, wurde nach Möglichkeiten gesucht, auch die **Herkunftsgemeinden der Erholungssuchenden** finanziell beteiligen zu können. Hier existiert also ein typisches Stadt-Umland-Problem (vgl. 2.4.4). Als ein Modell zur Lösung und zur gerechten Verteilung der finanziellen Lasten kristallisierte sich die Gründung sog. **Erholungsflächenvereine** heraus. Zuerst in München angewandt („Verein zur Sicherstellung überörtlicher Erholungsgebiete in den Landkreisen um München e. V."), wurden inzwischen in vielen Großstadtagglomerationen derartige Vereine gegründet, deren **Mitglieder die Kernstadt und die Umlandgemeinden und -landkreise** sind. Sie zahlen entsprechend ihrer Einwohnerzahl Beiträge, aus deren Erlös öffentliche Naherholungsgebiete im Stadtumland gesichert, ausgebaut und unterhalten werden.

2.4.3 Stadtrand- bzw. Stadtumlandgemeinden als Siedlungstyp

Dreiteilung der Siedlungsstrukturelemente

Durch Prozesse der Urbanisierung und der Suburbanisierung ist am Stadtrand und im Stadtumland ein eigener Typ von Gemeinden entstanden, der nicht in das duale Schema von Stadt und Land zu passen scheint und das **Stadtumland als eigene dritte Raumkategorie** einfordert. Bereits im siedlungsgeographischen Lehrbuch von Schwarz (1989a) wird zu den städtischen und ländlichen Siedlungen eine dritte Kategorie („nicht ländliche, teilweise stadtähnliche Siedlungen") hinzugefügt. Das Stadtumland erscheint hier unter der Rubrik „Wohnsiedlungen", was der inzwischen erfolgten Entwicklung nicht mehr gerecht wird. In der Praxis der Raumordnung und Landesplanung wird seit einigen Jahren eine derartige Dreiteilung der Siedlungsstrukturelemente praktiziert. Beispielhaft sei der **Raumordnungsbericht 2005** der Bundesregierung genannt (Bundesamt für Bauwesen und Raumordnung 2005). Hier wird das Staatsgebiet der Bundesrepublik Deutschland nach Kriterien der **Zentrenerreichbarkeit** und der **Bevölkerungsdichte** dreigeteilt: **„Zentralraum"** (= großstädtischer Agglomerationsraum mit dem engeren Umland) – **„Peripherraum"** (= großstadtferner ländlicher Raum) – **„Zwischenraum"** (= äußerer Stadtumlandbereich und großstadtnaher ländlicher Raum). Die Bezeichnung Zwischenraum scheint darauf hinzuweisen, dass dieser Bereich aus der Sicht der Raumordnung weder eindeutig städtisch noch ländlich strukturiert ist.

Begriff der Zwischenstadt

Eine ähnliche Bezeichnung wählte bereits SIEVERTS (2001), der den neuerdings häufig zitierten, sprachlich allerdings eher problematischen Begriff „Zwischenstadt" prägte. Aus der Sicht des Stadtplaners und Städtebauers charakterisierte und kritisierte er im Stadtrand- und engeren Stadtumlandbereich die **„diffuse, ungeordnete Struktur** ganz unterschiedlicher Stadtfelder mit einzelnen Inseln geometrisch-gestalthafter Muster, eine Struktur ohne eindeutige Mitte, dafür aber mit vielen mehr oder weniger stark funktional spezialisierten Bereichen, Netzen und Knoten" (SIEVERTS 2001, S. 15). Die „Zwischenstadt" gehöre nicht mehr zur Stadt und noch nicht zum Land und beinhalte sowohl **Elemente der Stadt** (Industrie und Gewerbe, Wohnbauten unterschiedlicher Art, Verkehrs- und Infrastrukturnetze) als auch **des ländlichen Raumes** (landwirtschaftliche Betriebe, naturnahe Freiflächen), ohne dass eine genügende städtebauliche Qualität vorhanden sei. Hier besteht sicherlich die Gefahr, einzelne nicht zu bestreitende Missstände architektonischer und/oder stadtplanerischer Art unzulässig zu verallgemeinern und zu übersehen, dass es durchaus auch **positive Beispiele** für gelungene Siedlungsentwicklungen und ortsplanerische Lösungen im Stadtumland gibt.

Siedlungstyp Stadtumland

Aus wirtschafts- und sozialgeographischer Sicht besteht kein Anlass, eine dritte Siedlungskategorie „Stadtumland", „Zwischenraum" oder „Zwischenstadt" einzuführen. Der **suburbane Raum** ist zweifellos als ein stark urbanisierter Raum (vgl. 2.3.4) **Bestandteil des** städtischen Verdichtungs- bzw. **großstädtischen Agglomerationsraumes** (vgl. 2.4.5), mit dessen anderen Teilen er in sehr intensiven funktionalen Beziehungen steht und dem er sozio-ökonomisch eng verbunden ist. Stadtumland-Gemeinden stellen insofern **keine eigene Siedlungskategorie**, wohl aber einen eigenen städtischen Siedlungstyp dar, dessen Beziehungen zur Kernstadt („Stadt-Umland-Beziehungen") anhand wichtiger Funktionsbereiche erläutert wurden (vgl. 2.4.2).

2.4.4 Stadt-Umland-Probleme

Grundlegende Problembereiche

Durch die Suburbanisierung und die Entwicklung städtisch geprägter Gemeinden im Umland größerer Städte, die zwar sozio-ökonomisch eng mit der Kernstadt verbunden, politisch aber selbstständig sind, entstehen eine Vielzahl von **Problemen** vor allem **raumordnerischer** und **stadtplanerischer**, meist auch **verkehrs- und finanzpolitischer Art**, die unter dem Begriff Stadt-Umland-Probleme zusammengefasst werden. In weitestem Sinne gehört hierzu das Problem der zunehmenden Inanspruchnahme naturnaher, vorher meist land- oder forstwirtschaftlich genutzter Flächen für Siedlungszwecke, wobei die fast immer extensivere Bebauung mit lockererer Bauweise und die häufig vorherrschende Einfamilienhausstruktur im Vergleich zu der in der Regel kompakteren Bauweise in der Kernstadt überdurchschnittlich zur **Freiflächeninanspruchnahme** beiträgt. Da sich durch die Umlandwanderung der Beschäftigten auch die Pendlerströme kräftig verstärken und die Pendelwege sich verlängern (vgl. 2.4.2.1), ergibt sich als zweites Problem der **stark steigende Bedarf an Straßen** für den Individual- und Wirtschaftsverkehr bzw. **an Linien des Öffentlichen Personennahverkehrs**, verbunden mit einer **Zunahme der Schadstoffemissionen** durch den Kfz-Gebrauch. Die Verkehrsproblematik wird dadurch deutlich, dass in deutschen Agglomerationsräumen in der Regel mehr als 75 % der im suburbanen Raum lebenden Erwerbspersonen Auspendler sind, und zwar mehrheitlich Richtung Kernstadt.

Trennung von Siedlungsräumen durch Verwaltungsgrenzen

Die genannten Probleme – nämlich starke Freiflächeninanspruchnahme durch aufgelockerte Bauweise und zunehmende Verkehrsströme durch wachsende Distanzen zwischen Wohnungen und Arbeitsstätten, aber auch Versorgungsstandorten (vgl. 2.4.2.2) – treten unabhängig von der Verwaltungsgliederung auf, d. h. sie bestünden auch, wenn das Stadtumland in die Stadt eingemeindet worden wäre (vgl. 2.4.6). Demgegenüber existieren **Stadt-Umland-Probleme im engeren Sinne**, die darauf zurückgehen, dass an der Peripherie der Stadt sozio-ökonomisch, häufig auch baulich zusammenhängende Gebiete durch die Stadtgrenze, die oft gleichzeitig Kreisgrenze ist (und im Fall von Berlin, Hamburg und Bremen sogar Bundeslandgrenze), durchschnitten werden. Sie gehören also verschiedenen Gebietskörperschaften und somit den Entscheidungsbereichen unterschiedlicher politisch-administrativer Entscheidungsgremien an. Die damit angesprochenen Problemlagen betreffen den **finanziellen** und den **planungsrechtlichen Bereich**.

Notwendigkeit interkommunaler Vereinbarungen

Die Probleme auf dem Gebiet der Orts-, Regional-, insbesondere auch der Bauleitplanung und anderer Fachplanungen sind in Deutschland mit der hier ausgeprägten **Planungshoheit der Gemeinden** nach § 28 GG verbunden. Da jede Gemeinde das Recht hat, für ihre Gemarkung selbstständig Flächennutzungs- und Bebauungspläne aufzustellen, kann es insbesondere dort zu Konflikten kommen, wo eine Stadt und eine Umlandgemeinde oder mehrere Gemeinden im suburbanen Raum baulich zusammengewachsen sind, dabei aber unterschiedliche, eventuell unvereinbare Vorstellungen zur Flächennutzung ihres jeweiligen Grenzgebietes entwickeln. Durch **interkommunale Vereinbarungen**, Zweckverbände, Stadt-Umland-Verbände (vgl. 2.4.5.7) oder die **übergeordnete Regionalplanung** muss hier versucht werden, zu **gemeindegrenzübergreifenden Planungsabstimmungen** zu kommen. Auch bei der Planung des gemeindeverbindenden Straßennetzes am Stadtrand und im Stadtumland müssen, um Fehlplanungen auszuschließen, bilaterale Vereinbarungen getroffen werden oder übergeordnete Planungen auf höherer Ebene (Kreis, Region) für sinnvolle Trassenführungen sorgen. Dass diese Probleme durchaus nicht überall gelöst sind, zeigen Beispiele in vielen Großstadtregionen. Sich gegenseitig störende Wohngebiete am Rande der einen und Gewerbegebiete jenseits der Grenze am Rande der anderen Gemeinde lassen sich vielfach finden, ebenso wie Planungen von Durchgangs- oder Umgehungsstraßen, die zwischen einer Stadt und ihren Umlandgemeinden nicht genügend abgestimmt wurden.

Problem Finanzausgleich

Ein noch schwierigeres Problem ist der Finanzausgleich zwischen **Kernstadt** und **Umlandgemeinden**. Es tritt überall dort auf, wo Gemeinden als Gebietskörperschaften mit Selbstverwaltung Finanzmittel zur Erfüllung ihrer Aufgaben vom Staat zugewiesen bekommen oder sogar – wie in Deutschland – eigene Steuern erheben (Grundsteuern, Gewerbesteuer). Das Problem liegt im **gerechten Ausgleich zwischen Leistungserbringung und Finanzausstattung**. Einerseits erbringt die Kernstadt als Zentraler Ort (vgl. 2.5.1) Leistungen für die Bewohner des Umlands, die von diesen nicht oder nur zum Teil mit finanziert werden, z. B. Bau und Unterhalt kostenträchtiger und in der Regel defizitärer Einrichtungen wie Öffentlicher Personennahverkehr, soziale, kulturelle, schulische und Sportanlagen und Einrichtungen. D. h. der „Kreis der **Nutzer** und der **Finanzierer** fällt auseinander" (Mäding 2001, S. 116).

Gewinne und Verluste für Kernstädte

Andererseits trägt das Umland durch Auspendler, die in der Stadt arbeiten, und durch die Kaufkraft der Umlandbewohner, die zu einem großen Teil dem Einzelhandel und den sonstigen Dienstleistern in der Stadt zugute kommt, zu einem beträchtlichen Anteil zur **Steigerung der Gewerbesteuereinnahmen der Kernstadt** bei. Außerdem wird häufig seitens der Landkreise darauf hingewiesen, dass **Umlandgemeinden Naherholungseinrichtungen schaffen** und unterhalten, die in den meisten Fällen überwiegend von Bewohnern der Kernstadt in Anspruch genommen werden, ohne dass von diesen eine adäquate Kostenerstattung erfolgt (vgl. 2.4.2.3). Generell lässt sich aber feststellen, dass „der Prozess der Suburbanisierung die Finanzwirtschaft der Kernstadt schwächt." (Mäding 2001, S. 117). Hieran ist insbesondere auch die „Selektivität der Migrationsprozesse" (Gans 2005: 15) schuld, d. h. die Tatsache, dass die Stadt-Umland-Wanderer zu einem überdurchschnittlich hohen Anteil den oberen Einkommensgruppen und somit den potenteren Steuerzahlern angehören (**Einkommensteuern**), die auf diese Weise **den Kernstädten verloren** gehen.

Lösungsversuche

Die Streitfrage, welche Raumkategorie – Kernstadt oder Stadtumland – höhere Leistungen für die jeweils andere erbringt, kann offensichtlich nicht generell, sondern nur **im Einzelfall** und **problembezogen** beantwortet werden. Bisherige Lösungsversuche liegen im Bereich der **Steuerverteilung** (Aufsplitten der Gewerbe- und der Einkommensteuer) und in der **Gründung von interkommunalen Zweckverbänden** und von Vereinbarungen zur **anteiligen Finanzierung gemeinsamer Aufgaben** (z. B. Zweckverbände zur Energie- und Wasserversorgung sowie Abwasser- und Müllentsorgung, Verkehrsverbünde zum gemeinsamen Betrieb des Öffentlichen Personennahverkehrs, gemeindeübergreifende Organisationen zur Finanzierung von Naherholungseinrichtungen, wie in Kap. 2.4.2.3 erwähnt, usw.).

2.4.5 Modelle im Stadt-Umland-Bereich und ihre Umsetzung

(Inter-)National heterogene Begrifflichkeiten

Als Folge von Verstädterungs- und Suburbanisierungsprozessen haben sich weltweit **städtisch geprägte verdichtete Siedlungsräume** entwickelt, für die unterschiedliche Bezeichnungen verwendet werden (z. B. Verdichtungsraum, Ballungsraum, Agglomerationsraum, Zentralraum, Metropolregion, Siedlungsagglomeration). Charakteristisch für diese Räume sind eine größere Ausdehnung mehr oder weniger zusammenhängend städtisch genutzter Flächen mit einem hoch verdichteten Kern (oder mehreren Kernen) und radial von diesem Kern nach außen abnehmender Intensität urbaner Nutzungen und Funktionen sowie eine insgesamt größere Einwohnerzahl.

Die Schwellenwerte für die jeweils verwendeten **Abgrenzungskriterien** (also die Grenzwerte, die zumindest erreicht sein müssen) derartiger großstädtisch verdichteter Räume (z. B. Fläche, Einwohnerzahl, Bevölkerungsdichte und -struktur, Flächennutzung, Wirtschaftsstruktur, Verkehrs- und Versorgungsbeziehungen, Pendlerströme) **variieren international ebenso wie die Bezeichnungen** für diese Räume selbst. Auch in Deutschland konnte sich jedoch bisher keine allgemein – in Wissenschaft und Planungspraxis – gültige Definition durchsetzen. Im Folgenden werden einige häufiger benutzte Bezeichnungen für Stadt-Umland-Räume mit dem Schwerpunkt Deutschland modellhaft dargestellt.

2.4.5.1 Conurbation (Konurbation)

Großbritannien

In Großbritannien setzte die Bildung ausgedehnter industriewirtschaftlich geprägter **städtischer Siedlungsagglomerationen** bereits in der 1. Hälfte des 19. Jahrhunderts ein. 1915 prägte GEDDES hierfür den Begriff „conurbation", der später als „Konurbation" auch in die deutsche Terminologie übertragen wurde. 1932 definierte FAWCETT conurbations im Sinn von **Mehrkern-Agglomerationen** als zusammenhängend städtisch bebaute und genutzte Gebiete mehrerer Kernstädte mit ihrem urban geprägten Umland. 1951 wurden die conurbations als statistische Raumeinheiten amtlich abgegrenzt aufgrund funktionaler Verflechtungen, baulichen Zusammenhangs und hoher Bevölkerungsdichte. Die Abgrenzung hatte bis zur Gebietsreform von 1974 Bestand.

2.4.5.2 Metropolitan Area (Metropolregion)

USA

In den USA reagierte die amtliche Statistik auf Suburbanisierungsvorgänge und die damit verbundene **Ausdehnung städtischer Räume** über die Verwaltungsgrenzen der Städte hinaus, indem sie seit 1930, vor allem für bevölkerungsstatistische Zwecke, „Metropolitan Areas" auswies. Nach dem 2. Weltkrieg wurden diese Einheiten zur Kennzeichnung großstädtischer Agglomerationen (mit leicht veränderten Abgrenzungskriterien) „Standard Metropolitan Statistical Areas" (SMSA) genannt, seit 1983 dann „Metropolitan Statistical Areas" (MSA). Hierzu gehören Städte oder ein sog. „verstädtertes Gebiet" („urbanized area") als zentrales „county" mit jeweils mindestens 50.000 Einwohnern, die zusammen mit ihrem städtisch geprägten Umland eine Bevölkerungszahl von mindestens 100.000 (in den Neuenglandstaaten 75.000) besitzen. Als **Gebietseinheiten** zur Abgrenzung werden Kreise („counties"), in Neuengland „cities" und „towns", verwendet; **Abgrenzungskriterien** sind u. a. Bevölkerungsdichte, Agrarquote und Pendlerverflechtungen. Eine MSA mit mehr als einer Million Einwohnern, die als Kern eine sog. PMSA („Primary Metropolitan Statistical Area") enthält, wird „Consolidated Metropolitan Statistical Area" (CMSA) genannt. Die beiden größten Metropolitangebiete der USA waren nach dem Ergebnis der Volkszählung 2000 New York/Northern New Jersey mit ca. 21 Mio. Einwohnern und Los Angeles mit fast 17 Mio. Einwohnern.

Europa

Der Begriff „Metropolregion" oder „Metropolraum" wurde vor einigen Jahren in der Europäischen Union definiert und zunehmend auch in der Bundesrepublik Deutschland verwendet, allerdings in einem anderen Sinn.

Die Metropolregion ist hier nicht primär eine statistische Einheit zur Raumgliederung und -abgrenzung, sondern es hat sich in den Diskussionen seit den 1990er Jahren „ein **ökonomisch-funktionales Verständnis der Metropolräume** durchgesetzt“ (BUNDESAMT FÜR BAUWESEN UND RAUMORDNUNG 2005, S. 177). Die Abgrenzung und Gewichtung von Metropolregionen erfolgt auf der Basis der Messung von „Metropolfunktionen“ auf Gemeindeebene und dient in Deutschland primär Zwecken der **Raumordnung und Landes- bzw. Regionalplanung**, aber auch der **Wirtschaftsförderung** und der Stärkung der internationalen „Wettbewerbsposition der deutschen Metropolen“. Es geht also hier eher um die Frage einer Rangordnung von großstädtischen Agglomerationsräumen im Rahmen des globalen oder zumindest **europäischen Wettbewerbs der Wirtschaftszentren** (vgl. das Konzept der „global cities“, Kap. 2.5.2.2). Somit beinhaltet der Begriff Metropolregion eine räumliche, aber auch eine funktionale Kategorie. Räumlich besteht sie aus einer großen Stadt – oder mehreren benachbarten – mit ihrem Umland (in Deutschland seit 2005 elf). Funktional ist sie ein Standort von Institutionen, die Steuerungs-, Dienstleistungs- und Innovationsfunktionen für einen größeren Raum ausüben (sog. **Metropolfunktionen**) und somit als raumwirksame „Kraftzentren“ oder „Motoren“ für die Regional- und Landesentwicklung dienen können.

2.4.5.3 Ballungsraum (Ballungsgebiet)

Deutschland

In Deutschland wurde nach dem Zweiten Weltkrieg zunächst der Begriff Ballungsraum oder Ballungsgebiet für ein größeres Areal verwendet, in dem Menschen, Gebäude, wirtschaftliche Tätigkeit und technische Infrastruktur in hoher Dichte konzentriert sind und in dem **mindestens 500.000 Einwohner** in einem Kern räumlich zusammenhängend bei einer Bevölkerungsdichte von **mindestens 1000 Einw./km²** leben. Verflechtungs- oder Raumstrukturmerkmale wurden bei der Ausweisung der Ballungsgebiete nicht berücksichtigt, da nach ISENBERG (1970, S. 114f.) das relativ einfache Merkmal der Einwohnerzahl als Schwellenwert ausreiche. Es seien damit die Gebiete abzugrenzen, in denen sich „nach Umfang und Einfluß die wesentlichen **Schwerpunkte der Wirtschaft**, ihre Führungszentren und allgemein die zentralen Städte der höchsten Stufen“ befinden. Die Abgrenzung gegenüber dem umgebenden ländlichen Raum erfolgte nicht gemeindeweise, sondern anhand von **Stadt- und Landkreisgrenzen**.

Nach dieser Definition gab es in der „alten“ Bundesrepublik Deutschland 9 Ballungsgebiete, einerseits **Einkernballungen** (monozentrische Ballungsgebiete wie Hamburg, Hannover und München), andererseits **Mehrkernballungen** (polyzentrische Ballungsgebiete wie das Rhein-Ruhr-Gebiet und das Rhein-Main-Gebiet). Innerhalb eines Ballungsraumes unterschied man zwischen dem **Ballungskern** mit der stärksten Verdichtung, der meist mit der zentralen Großstadt identisch war, und der **Ballungsrandzone** mit ebenfalls städtischer Siedlungs- und Wirtschaftsstruktur, aber geringerer Verdichtung, die in der Regel aus den umgebenden Landkreisen bestand. Bei den **polyzentrischen Ballungsgebieten** differenzierte man noch zwischen homopolyzentrischen (zwei oder mehrere etwa gleich große Zentren wie im Rhein-Neckar-Raum) und heteropolyzentrischen mit bedeutenderen Größenunterschieden zwischen den Zentren wie im Fall Hannover.

Der **Begriff Ballungsgebiet** wurde bald abwertend gebraucht und mit **negativen Assoziationen** verbunden (Luftverschmutzung, Verkehrslärm, hohe Bodenpreise, Wohnungsmangel u. a.), obwohl diese Mängel in der Regel auf andere Ursachen zurückgingen und nicht den Ballungsgebieten immanent waren (ISENBERG 1970, S. 115). Trotzdem ersetzte man ihn, um einen neutraleren Ausdruck zu gebrauchen, in der amtlichen Terminologie der Raumordnung und Landesplanung des Bundes und der Länder durch den weniger vorbelasteten **Begriff Verdichtungsraum**.

Begrifflicher Bedeutungswandel

2.4.5.4 Verdichtungsraum

Der Begriff Verdichtungsraum wurde in der Bundesrepublik Deutschland in den 1960er Jahren für die Bundesraumordnung und die Landesplanung der Bundesländer durch Gesetze und Rechtsverordnungen offiziell verbindlich festgelegt (1. Raumordnungsbericht der Bundesregierung 1963, Raumordnungsgesetz des Bundes 1965). Das Gesetz sah vor, dass Bund und Länder gemeinsam „**Verdichtungsräume mit ungesunden räumlichen Lebens- und Arbeitsbedingungen** und unausgewogenen Wirtschafts- und Sozialstrukturen sowie die Merkmale für die Bestimmung dieser Gebiete" **abgrenzen** bzw. definieren sollten (MÜLLER 1979, Sp. 3540). Es handelte sich bei „Verdichtungsraum" um eine Wortneubildung mit dem Ziel, den Begriff „Ballung" zu vermeiden, dem „etwas unbestimmt Negatives" anhaftete (MÜLLER 1970, Sp. 3537). Wegen der Schwierigkeit, „ungesund" und „unausgewogen" zu definieren, wurden zunächst einmal Verdichtungsräume generell bestimmt, da man davon ausging, dass innerhalb dieser Räume auch Anzeichen nachteiliger Verdichtungsfolgen zu finden sein müssten, die dann in einem zweiten Schritt zu bestimmen seien.

1960er Jahre

Eine erste räumliche Abgrenzung der deutschen Verdichtungsräume erfolgte durch einen **Beschluss der Ministerkonferenz für Raumordnung 1968** mit folgenden Abgrenzungskriterien und Mindestgrößen: **100 km² Fläche**, **150.000 Einwohner**, durchschnittliche Bevölkerungsdichte des Verdichtungsraumes (Kernstadt und Umlandgemeinden) **1000 Einw./km²**, durchschnittliche Einwohner-/Arbeitsplatzdichte **1250 (Einw.+Arbeitsplätze)/km²**. Die Einwohner-/Arbeitsplatzdichte wurde hier erstmals zur Raumabgrenzung verwendet, um die **Belastung des Raumes** sowohl durch das Wohnen als auch durch Arbeitsstätten zum Ausdruck zu bringen.

In einzelnen Bundesländern wurden für Zwecke der Landesplanung **Modifizierungen** vorgenommen, z. B. durch Berücksichtigung von Pendlerdaten als Merkmale sozio-ökonomischer Verflechtung zwischen Stadt und Umland. Die konkrete Abgrenzung erfolgte immer entlang von Gemeindegrenzen. Nach der **deutschen Wiedervereinigung** erhielt **1993** eine **neue Abgrenzung** Gültigkeit, die auch die Verdichtungsräume in den neuen östlichen Ländern umfasste, aber nach wie vor auf dem Kriterium siedlungsstruktureller und sozio-ökonomischer Verdichtung im regionalen Maßstab beruhte. Die letzte **fortgeschriebene Abgrenzung von 1998** umfasste 45 Verdichtungsräume. Analog zum Ballungsraum wurden auch die Verdichtungsräume bei regionalwissenschaftlichen Analysen häufig in **Verdichtungskern- und Verdichtungsrandgebiete** gegliedert; letztere bilden den Übergangsbereich zum ländlichen Raum mit seinen wesentlich niedrigeren Einwohner-/Arbeitsplatzdichten.

1990er Jahre

2.4.5.5 Stadtregion

Begriff der wissenschaftlichen Forschung

Die Begriffe Ballungsraum und Verdichtungsraum wurden bzw. werden in der Raumordnung und Landesplanung als offizielle Termini verwendet. Demgegenüber fand der Begriff Stadtregion in der wissenschaftlichen Raumforschung, aber auch in Siedlungs- und Wirtschaftsgeographie häufig Anwendung. Es handelt sich um ein **Strukturmodell zur Erfassung der sozio-ökonomischen Raumeinheit**, die aus einer Großstadt (monozentrische Stadtregion) oder mehreren eng benachbarten Städten (polyzentrische Stadtregion) und ihren jeweiligen Umlandbereichen besteht. Zur Abgrenzung der Stadtregion nach außen sowie zur inneren Gliederung in Teilräume (im Modell als konzentrische Kreise angeordnet) mit nach außen abnehmender Intensität der sozio-ökonomischen Verflechtungen dienten die **Merkmale Bevölkerungsdichte** bzw. (ab 1970) **Einwohner-/Arbeitsplatzdichte** (zur Kennzeichnung der Siedlungsstruktur und der baulichen Verstädterung), **Agrarerwerbsquote** (Anteil der landwirtschaftlichen Erwerbspersonen an allen Erwerbspersonen, zur Kennzeichnung der Wirtschaftsstruktur und der Urbanisierung), **Zahl der Einpendler** (zur Ermittlung der Kernstädte und Kerngebiete) und **zentrumsorientierte Auspendlerquote** (Auspendler in Richtung des städtischen Kerngebiets in Prozent der Erwerbspersonen und in Prozent der Auspendler insgesamt, zur Kennzeichnung der Verflechtungsintensität des Umlands mit dem Kerngebiet).

Diese Abgrenzungsmerkmale fanden Verwendung bei den verschiedenen für die Bundesrepublik Deutschland empirisch durchgeführten Abgrenzungen mit den Daten der Volkszählungen 1950, 1961 und 1970 in unterschiedlicher Kombination und mit unterschiedlichen Schwellenwerten. Beispielsweise wurden bei jeder neuen Abgrenzung die Pendlerquoten entsprechend der allgemeinen Zunahme des Pendelverkehrs angehoben, andererseits jedoch die Agrarerwerbsquote gemäß dem generellen Rückgang der Beschäftigung in der Landwirtschaft abgesenkt und schließlich nur noch zur Außenabgrenzung verwendet. Als Mindesteinwohnerzahl für eine Stadtregion wurden 80.000 festgelegt (vgl. Boustedt 1970).

Modell nach Boustedt

Das Modell geht auf Olaf Boustedt (1967) zurück und wurde in Anlehnung an US-amerikanische Modelle (SMSA) entwickelt. Die Stadtregion gliedert sich in die **Kernstadt** (zentrale Stadt innerhalb ihrer Verwaltungsgrenzen), das **Ergänzungsgebiet** (die der Kernstadt eng benachbarten Gemeinden, die ihr in siedlungsstruktureller, sozio-ökonomischer und funktionaler Hinsicht weitgehend ähneln) – wobei diese beiden Räume zum **Kerngebiet** zusammengefasst werden –, die sog. **Verstädterte Zone** (mit noch größeren Freiflächenanteilen und aufgelockerter Siedlungsstruktur, aber einer Bevölkerung, die noch überwiegend als Pendler im Kerngebiet arbeitet) und schließlich die **Randzonen** (vgl. Abb. 2.7). Diese umfassen solche Umlandgemeinden, in denen der Anteil der landwirtschaftlichen Erwerbspersonen nach außen hin allmählich zunimmt, ohne jedoch das Übergewicht zu erlangen. Auch aus den Randzonen pendelt der überwiegende Teil der Erwerbstätigen noch in das Kerngebiet. Die Stadtregion wird vom stadtnahen ländlichen Raum umgeben, den Boustedt als **Umland** bezeichnet und in dem teilweise sog. **Trabantenstädte** liegen. Diese sind funktional eng mit der Stadtregion verknüpft, besitzen jedoch auf dem Arbeits- und Versorgungssektor eine größere Eigenständigkeit und weisen in der Regel eine positive Pendlerbilanz auf. **Satellitenstädte** – ein Begriff, der ebenfalls im Zusammenhang mit Stadtregionen und Verdichtungsräumen gelegentlich benutzt wird – sind dagegen eher durch die Wohnfunktion geprägt und zeigen eine negative Pendlerbilanz.

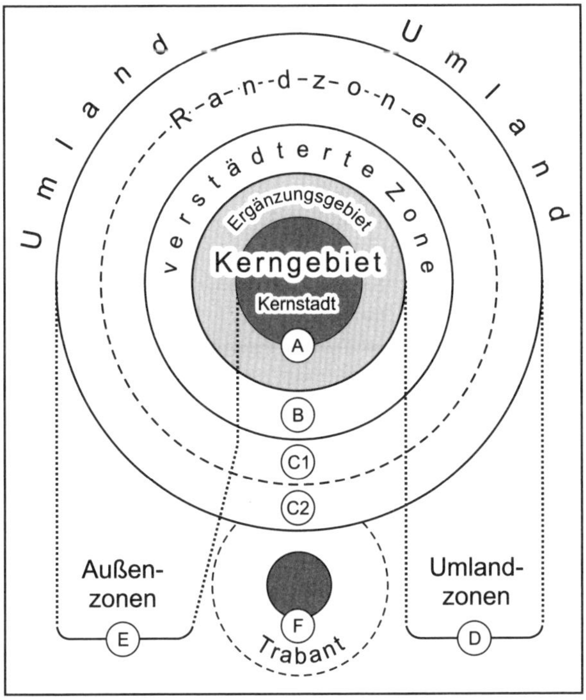

Abb. 2.7: Modell der Stadtregion (BOUSTEDT 1967).

2.4.5.6 Agglomerationsraum

Begriffsklärung

Als Agglomerationsraum bezeichnet man eine **größere regionale Konzentration von Gebäuden, Einwohnern und Arbeitsplätzen** mit der dazu gehörigen **Infrastruktur** und mit **intensiven internen sozio-ökonomischen Verflechtungen**. Es handelt sich also, ähnlich wie bei Ballungsräumen, Verdichtungsräumen und Stadtregionen, um großflächige verstädterte Gebiete mit einem Kern (monozentrischer Agglomerationsraum, wie z. B. Hamburg oder München) oder mit mehreren Kernstädten im Zentrum (polyzentrischer Agglomerationsraum), wie es etwa mit dem Ruhrgebiet der Fall ist. Um dieses Zentrum sind suburbane und Stadt-Umland-Räume angeordnet, die funktional eng sowohl mit dem Kerngebiet als auch untereinander verbunden sind.

Heterogene Verwendung

Es existiert keine allgemeingültige Definition; teilweise wird der Begriff Agglomerationsraum **als Sammelbegriff für Ballungs- und Verdichtungsräume** und andere großflächig verstädterte Gebiete verwendet (vgl. FASSMANN 2004, S. 56). Man verwendet ihn aber auch in Deutschland in der

Bundesraumordnung bei einer Grobgliederung des Gesamtraumes **für Analysezwecke** (z. B. statistische Analysen im Rahmen der laufenden Raumbeobachtung). Das Bundesamt für Bauwesen und Raumordnung hat für solche Zwecke **„siedlungsstrukturelle Raumtypen"** entwickelt, die z. B. in den Raumordnungsberichten der Bundesregierung Anwendung finden. Auf der Basis der Merkmale Verdichtung und Zentralität wurde der **Gesamtraum des Bundesgebietes** in „Agglomerationsräume", „verstädterte Räume" und „ländliche Räume" **gegliedert** (jeweils mit mehreren Untergliederungen). Hier ist Agglomerationsraum als hoch verstädterter Raum mit mindestens einem Oberzentrum, das in der Regel mehr als 100.000 Einwohner aufweist, und einer Bevölkerungsdichte im Umland von mehr als 300 Einwohnern/km^2 definiert. Die Abgrenzung wird auf der Basis von Gemeinden durchgeführt. Für die Entwicklung raumordnerischer Politikansätze werden diese siedlungsstrukturellen Raumtypen – und damit auch der Typ Agglomerationsraum – heute als nicht mehr genügend aussagekräftig erachtet; es werden hier andere Gebietstypen verwendet, z. B. Metropolregion (vgl. Bundesamt für Bauwesen und Raumordnung 2005, S. 15 ff.).

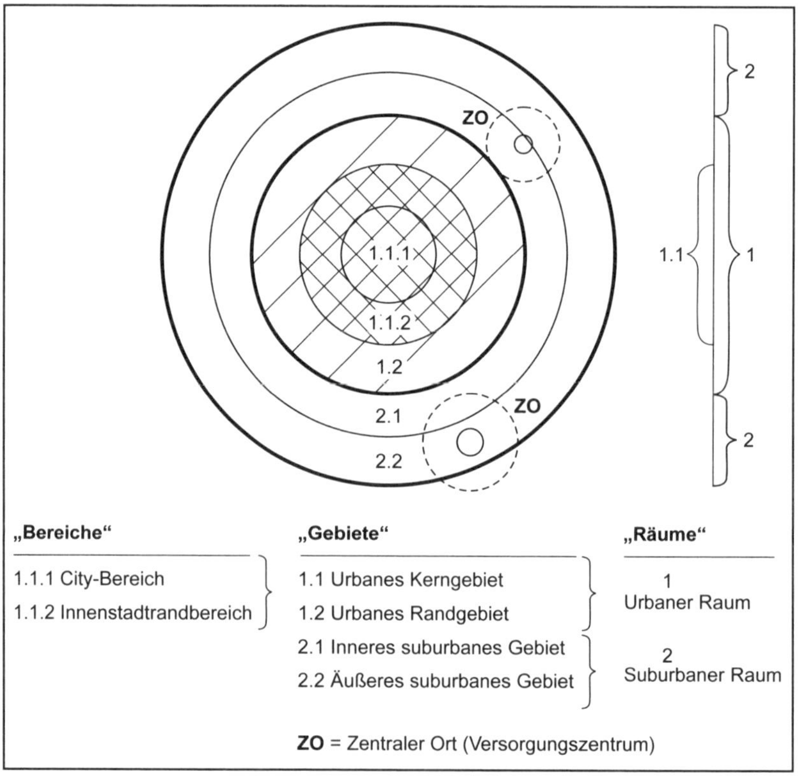

Abb. 2.8: Modell des Agglomerationsraumes (ARL 1984).

Modell des Agglomerationsraumes

Eine idealtypische Gliederung eines monozentrischen Agglomerationsraumes entwarf eine Arbeitsgruppe der **Akademie für Raumforschung und**

Landesplanung (ARL 1984). Im Gegensatz zum Stadtregionsmodell wird die Kernstadt nicht als homogene Einheit gesehen, sondern in das **„urbane Kerngebiet“** (= „City-Bereich“ und „Innenstadtrandbereich“) und das **„urbane Randgebiet“** (Gebiet der eingemeindeten Vororte) gegliedert. Außerhalb der politisch-administrativen Stadtgrenze schließen sich das innere und das äußere **„suburbane Gebiet“** an, die sich durch eine zentral-periphere Abnahme der sozio-ökonomischen Verflechtungen mit der Kernstadt unterscheiden. Im suburbanen Raum können **Zentrale Orte** als lokale bis regionale Versorgungszentren liegen, die sich vor allem durch Prozesse der Dienstleistungssuburbanisierung entwickelt haben (vgl. 2.4.1.3). Der suburbane Raum geht **ohne markante Grenze** in den stadtnahen ländlichen Raum über. Mit zunehmenden Stadt-Rand-Wanderungs-Prozessen und entsprechender Urbanisierung ländlicher Gemeinden kann sich diese Grenze **verschieben** und zusätzliche ländliche Räume in den suburbanen Raum einbeziehen (vgl. Abb. 2.8).

2.4.5.7 Stadt-Umland-Verband

Begrifflichkeit

Die meisten der genannten Modelle zur Erfassung und Analyse des Stadt-Umland-Bereichs (2.4.5.1–2.4.5.6) dienten primär **wissenschaftlichen Erkenntniszielen** und wurden erst nachträglich teilweise in der Praxis der Raumordnung, Regional- und Landesplanung verwendet. Demgegenüber gab und gibt es auch in der **Planungspraxis** wie in der **Raumordnungspolitik** sowie in der Staats- und Kommunalverwaltung Überlegungen, Stadt und Umland besser zu vernetzen, gemeinsam zu überplanen und eventuell auch **zu einer politischen Einheit zusammenzuführen**, ohne zum Instrument der Eingemeindung zu greifen (vgl. 2.4.6). Die Existenz von Stadt-Umland-Problemen (vgl. 2.4.4) ist ein Phänomen in allen Staaten vergleichbarer Wirtschafts- und Siedlungsentwicklung; im Folgenden soll exemplarisch lediglich auf die Situation in Deutschland eingegangen werden. Hier werden seit Längerem Begriffe wie Stadt-Umland-Verband, Stadtverband, Regionalverband, Regionalkreis, Regionalstadt, Verwaltungsregion u. Ä. verwendet, um **Konstruktionen** zu bezeichnen, bei denen größere Städte mit ihren Umlandgemeinden **zu einer neuen Körperschaft** außerhalb der regulären staatlichen Verwaltungsgliederung zusammengefasst wurden.

Struktur und Aufgaben

Die bisher erarbeiteten Konzepte für Stadt-Umland-Verbände unterscheiden sich insbesondere hinsichtlich des **Umfangs der Aufgaben und Kompetenzen** und der demokratischen Legitimation, also der Frage, ob in eine entsprechende Verbandsversammlung **Vertreter entsandt** werden sollen, die direkt von der Bevölkerung gewählt wurden, oder nur **Delegierte der beteiligten Gebietskörperschaften**. Strittig ist auch, ob die Vertreter bzw. Abgeordneten in der Verbands- oder Regionalversammlung befugt sein sollen, **Entscheidungen zu treffen** (ob also den beteiligten Gemeinden Rechte entzogen werden sollen) oder ob sie nur **Empfehlungen und Anregungen geben** können. Diese Frage hängt natürlich auch vom Zuschnitt der Aufgaben eines Stadt-Umland-Verbandes ab, über den es ebenfalls jeweils heftige Diskussionen gibt. Flächennutzungsplanung, Fachplanungen (Landschaftsplanung und Grünordnung, Verkehrswege, Wasser- und Energieversorgung, Abwasser- und Abfallentsorgung, Organisation des Öffentlichen Personennahverkehrs u.a.), aber auch Koordinierungsaufgaben (z.B. Verkehrsverbünde, Tourismuswerbung), regionale Wirtschaftsförderung und Regionalmarketing werden zu den Aufgaben eines derartigen Verbandes gezählt.

Beispiel Bayern

Eine entscheidende Frage ist selbstverständlich auch die nach den Mitgliedskreisen und Gemeinden, also nach dem territorialen Umfang eines solchen Stadt-Umland-Verbandes. Hier können neben Gesichtspunkten **sozio-ökonomischer und funktionaler Verflechtung** im suburbanen Raum, wie sie auch bei der Abgrenzung von Stadtregionen und Agglomerationsräumen herangezogen werden, auch **politische Abwägungsprozesse** bis hin zu **parteipolitischen Überlegungen** zum Tragen kommen. Eine auf wirtschaftsgeographische Untersuchungen gestützte „Abgrenzung des räumlichen Wirkungsbereichs des Stadt-Umland-Verbands" schlug 1974 die Sachverständigenkommission zur Untersuchung des Stadt-Umland-Problems in Bayern in ihrem **„Stadt-Umland-Gutachten Bayern"** vor (Bayerisches Staatsministerium des Innern 1974, S. 126f.). Da der Stadt-Umland-Verband in erster Linie **Planungsverband** sein solle, der eine geordnete städtebauliche Entwicklung im Stadtumland vor allem durch die **Flächennutzungs- und Verkehrsplanung** sicherzustellen habe, müsse das Verbandsgebiet alle diejenigen Gemeinden umfassen, „die in wesentlichen Bereichen einander zugeordnet sind, einander – bezogen auf den Gesamtraum – in ihren Funktionen ergänzen und somit einen **einheitlichen städtebaulichen Aufgabenbereich** bilden". Als Kriterien für die Erfassung „der auf einen einheitlichen städtebaulichen Aufgabenraum hinweisenden Verflechtungsdichte" wurden die **Pendlerströme** vom Umland in die Kernstadt, die **Mobilität der Bevölkerung** innerhalb des Stadt-Umlands (Wanderungsvolumen zwischen der Kernstadt und den Umlandgemeinden) und die **Höhe der Kaufpreise** bei Baulandveräußerungen als Indikator für die Nachfrage nach Bauland und damit für die Attraktivität einer Umlandgemeinde als Zielgebiet von Wanderungen vorgeschlagen.

Beispiel Frankfurt/Main

Das oben dargestellte Modell eines Stadt-Umland-Verbandes für bayerische Großstadtregionen wurde nicht in die Tat umgesetzt, während man in anderen Bundesländern einige unterschiedliche Modelle für Stadt-Umland-Verbände realisierte. Am Beispiel eines im Rhein-Main-Gebiet geschaffenen Verbandes hat Bördlein (2000) dargestellt, wie sich der **Umlandverband Frankfurt** entwickelte, seit er 1975 als regionale Körperschaft mit **direkt gewähltem Parlament** realisiert wurde, dem per Gesetz **Planungs-, Koordinierungs- und Trägerschaftsaufgaben** für den engeren Verflechtungsraum Frankfurt am Main übertragen worden waren. Kritisiert wurden an diesem Modell vor allem der nicht sachgerechte, den engeren Verflechtungsbereich der polyzentrischen Stadtregion Rhein-Main durchschneidenden Gebietszuschnitt, mangelnde Finanzausstattung und unklare Abgrenzungen der Kompetenzen. Als **Gegenmodell** entwarf man 1997 einen „Regionalkreis" für die Stadt und den weiteren Umlandbereich (Bördlein 2000, S. 12ff.). Dieser wurde zwar nicht realisiert, doch zeigt die zusammenfassende Darstellung der möglichen Aufgaben einer derartigen Verwaltungs- und Planungsebene für das Stadtumland, wo die wichtigsten Berührungs- (und potenziellen Konflikt-)Bereiche zwischen urbanem und suburbanem Raum liegen (vgl. Abb. 2.9). Zu den **Umsetzungschancen eines Stadt-Umland-Verbands** äußert sich Scheller (2002, S. 699), ebenfalls am Beispiel des Verdichtungsraumes Frankfurt am Main. Sie seien **umso positiver** zu sehen, je größer die Stadt-Umland-Disparitäten, die finanziellen Engpässe, die Flächenknappheit, kurz **je stärker der Problemdruck** ist.

Abb. 2.9: Mögliche Aufgaben eines Regionalkreises am Beispiel von Frankfurt am Main (BÖRDLEIN 2000, S. 13).

2.4.6 Eingemeindung

Definition/ Voraussetzungen

Als Eingemeindung bezeichnet man die Eingliederung einer **vorher selbstständigen politischen Gemeinde** in eine andere, meist wesentlich größere Nachbargemeinde. Durch die Eingemeindung verliert die Gemeinde ihre Selbstständigkeit und **wird zum Orts- bzw. Stadtteil** der aufnehmenden Gemeinde. Eingemeindungen kamen und kommen vor allem am Rand wachsender Städte vor, wo stark urbanisierte Rand- bzw. Umlandgemeinden in die Kernstadt inkorporiert werden. Im 19. und zu Beginn des 20. Jahrhunderts erfolgte das **rasche Bevölkerungswachstum der deutschen Industriestädte**, z. B. im Ruhrgebiet, im Rheinland, in Sachsen usw., nicht nur durch Zuwanderung aus ländlichen Regionen und durch Geburtenüberschüsse der Städte selbst. Ein hoher Anteil der statistischen Bevölkerungszunahme ergab sich dadurch, dass solche ehemals ländlich-dörflichen Randgemeinden in die Städte eingemeindet wurden, die baulich weitgehend mit diesen zusammengewachsen waren und in denen eine überwiegend in den Städten beschäftigte Arbeiterbevölkerung wohnte.

Beginn der Eingemeindungen

Im **20. Jahrhundert** erfolgten Eingemeindungen in Deutschland, aber auch in anderen europäischen Staaten, im Bereich vieler Mittel- und Großstädte – nicht nur, um urbanisierte und mit der Stadt baulich verbundene

Randgemeinden in das Stadtgebiet einzubeziehen, sondern teilweise auch zu dem Zweck, **einer Stadt Erweiterungsmöglichkeiten zu verschaffen** und **Standorte für größere Infrastrukturprojekte** auf ihrer eigenen Gemarkungsfläche zu sichern. Abbildung 2.10 zeigt am Beispiel der bayerischen Landeshauptstadt München beide Aspekte: einerseits die Eingemeindung ehemaliger Dörfer, die in der Zeit der Industrialisierung durch starke Erweiterung der Siedlungsfläche weitestgehend mit der Stadt zusammenwuchsen, andererseits – im Westen und Osten der Stadt – die in den **1930er und 40er Jahren** erfolgte Eingemeindung flächenhaft großer Dörfer für Zwecke der Gewerbeansiedlung und Verkehrsinfrastrukturplanung (Eisenbahn, Autobahn, Flughafen), also sog. **„Vorratseingemeindungen"**.

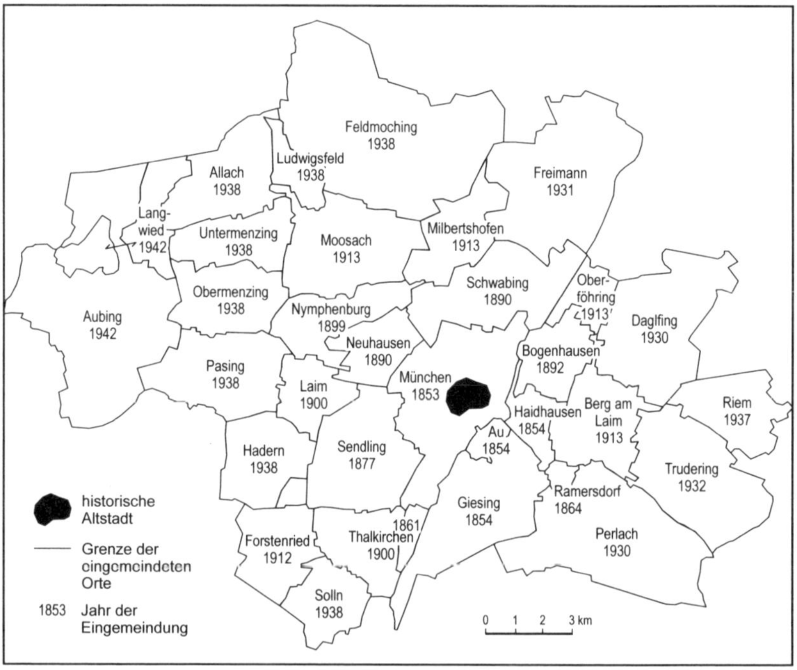

Abb. 2.10: Vergrößerung der Stadtfläche durch Eingemeindungen am Beispiel von München (R. PAESLER nach diversen Publikationen).

Pro und Contra Eingemeindungen

Gegen **Ende des 20. Jahrhunderts** wurden in Deutschland Eingemeindungen zunehmend kritisch gesehen. Mit ihrer Hilfe kann die Stadt als politisch-administrative Einheit wieder in Übereinstimmung gebracht werden mit der sozialgeographischen bzw. sozio-ökonomischen Einheit Stadt. Es können Randgemeinden, die zwar rechtlich selbstständig sind, aber aus wirtschaftsgeographischer Sicht lediglich den Charakter von Stadtteilen haben, auch rechtlich zu solchen gemacht werden. Hierbei lassen sich auch eine Vielzahl von Stadt-Umland-Problemen planerischer oder finanzieller Art dadurch lösen, dass beide vorher selbstständigen Einheiten – Stadt und Randgemeinde – nun der **gleichen Verwaltung und Planung** unterstehen und die Steuereinnahmen beider Kommunen nun in den **gleichen Haushalt** fließen. Andererseits wird es aber bei fortschreitender Urbanisierung schwerlich gelingen, durch Eingemeindungen eine wirklich dauerhafte funktionale Stadtgrenze, d.h. eine Übereinstimmung von politischer und wirtschaftlicher Einheit Stadt, zu erreichen, da es unter den Bedingungen eines Stadt-Land-Kontinuums (vgl. 2.3.2) wohl **immer eine Stadtumlandzone als Übergangsbereich** geben wird. Auch sprechen Gesichtspunkte der **Verwaltungseffizienz** eher gegen eine zu starke Stadterweiterung, ebenso wie der Aspekt einer bürgernahen Verwaltung und einer stärkeren Einbeziehung der Bürger in politische Entscheidungsstrukturen und -prozesse (**Bürgerbeteiligung**). Letzteres ist eher in kleineren kommunalen Einheiten realisierbar. Aus diesem Grund stoßen in der Gegenwart **Eingemeindungswünsche der Kernstädte bei den Bewohnern** der betreffenden Umlandgemeinden in aller Regel **auf heftigen Widerstand**.

Hochphase der Eingemeindung

In der Bundesrepublik Deutschland fanden Eingemeindungen – vielfach gegen den Willen der betroffenen Bevölkerung – in großer Anzahl während der **Phase der Gebietsreformen** in den einzelnen Bundesländern **in den 1970er Jahren** statt. Vor allem in Nordrhein-Westfalen, in geringerem Maße in Bayern (vgl. RUPPERT/PAESLER 1984), Hessen, Niedersachsen, Baden-Württemberg und in den anderen Ländern, wurden Mittel- und Großstädte durch Eingemeindungen urbanisierter Rand- und Umlandgemeinden, aber auch Kleinstädte im ländlichen Raum durch Eingemeindungen umliegender Dörfer stark vergrößert. Die **wichtigsten Ziele** waren hierbei Verbesserungen im Bereich der Verwaltung, der Orts- und Regionalplanung, insbesondere auch der Flächennutzungs- und Infrastrukturplanung, Behebung von Stadt-Umland-Problemen und zum Teil auch Einsparungsmöglichkeiten bei der Verwaltung (vgl. INSTITUT FÜR LANDESKUNDE 1973). In den Ländern der **ehemaligen DDR** erfolgten ähnliche Gebietsreformen im Stadt-Umland-Bereich nach der deutschen Wiedervereinigung **in den 1990er Jahren**.

2.5 Städtenetze und Städtehierarchien

Kapitelaufbau

Städte stehen nicht nur in vielfältigen – sowohl zeitlich wie regional unterschiedlichen – Beziehungen zum ländlichen Raum (vgl. 2.3) und zu ihrem Umland (vgl. 2.4). Sie bilden auch untereinander hierarchische Systeme mit Über- und Unterordnungen sowie Netze aus, in denen die **Städte als Knoten** wirken (vgl. 2.5.3). Als Beispiele für **hierarchische Systeme** werden **exemplarisch drei** in der Fachliteratur häufig zitierte **Rangordnungssysteme analysiert**: das Modell der Zentralen Orte (2.5.1), die Rang-Größen-Regel (2.5.2.1) und das System der global cities (2.5.2.2).

2.5.1 Das Modell der Zentralen Orte

2.5.1.1 Das Modell nach Walter Christaller

WALTER CHRISTALLER veröffentlichte 1933 sein Werk *Die zentralen Orte in Süddeutschland* und begründete damit diejenige **geographische Standort-**

theorie mit den wohl weitreichendsten **Auswirkungen für die Planungspraxis** – neben ihrer Bedeutung für die Theorie von Städtenetzen sowie für die Theorie von Standorten im Dienstleistungssektor (vgl. HAAS/NEUMAIR 2007, S. 46ff.). CHRISTALLER verfolgte das Ziel, die Verteilungsmuster städtischer Siedlungen in der Kulturlandschaft aufzudecken und zu erklären. Er fragte sich, ob es **Gesetzmäßigkeiten** gäbe, um die **Lage und Bedeutung städtischer Siedlungen** zu deuten, und er entwickelte hierzu eine „Theorie über die ökonomische Bestimmtheit der Verteilung, Größe und Anzahl der zentralen Orte" (CHRISTALLER 1933, S. 150). Bevor CHRISTALLER versuchte, die Theorie am konkreten Beispiel Süddeutschlands zu verifizieren, ging er zunächst als **Prämisse von einem homogenen Raum** ohne Unterschiede der physisch-geographischen Bedingungen, der Bevölkerungs-, Sozial- und Wirtschaftsstruktur, der Einkommensverteilung u. Ä. aus, in dem eine Bevölkerung lebt, die sich **ökonomisch nutzenmaximierend** verhält (nach dem Modell des **„homo oeconomicus"**) und in dem es einen vollkommenen Markt ohne Eingriffe der öffentlichen Hand gibt.

Kernaussagen

Die wesentlichen Aussagen der Theorie bzw. des Modells der Zentralen Orte können in vereinfachender Form folgendermaßen zusammengefasst werden: In der Siedlungslandschaft existieren Zentren, die Güter und Dienstleistungen über den Bedarf der eigenen Bevölkerung hinaus anbieten. CHRISTALLER vermeidet für diese Kernsiedlungen den Begriff „Stadt" und prägt stattdessen den Terminus **„Zentraler Ort"**. Diese Orte besitzen einen **Bedeutungsüberschuss**, genannt „Zentralität", so dass sie ihr meist **ländliches Umland mit versorgen** können. Die zentralörtliche Bedeutung der Siedlung, d.h. in der Regel einer Stadt, für ihr Umland ist umso größer und dieses ist umso ausgedehnter, je stärker die in ihr situierten zentralörtlichen Einrichtungen (z.B. **Einzelhandel, öffentliche und private Dienstleistungen**) nach Breite und Tiefe des Angebots entwickelt sind und je mehr sie den Bedarf der eigenen Bevölkerung übersteigen. Durch das Verhältnis zwischen der Kapazität der zur Verfügung gestellten Dienste einerseits und der Einwohner- und damit potenziellen Nutzerzahl innerhalb des Zentralen Ortes selbst andererseits kann man den Bedeutungsüberschuss des Ortes messen.

Hierarchie der Zentralen Orte

Mit diesem spezifischen, von Stadt zu Stadt unterschiedlich großen Bedeutungsüberschuss versorgt ein Zentraler Ort das umliegende Gebiet mit Gütern und Dienstleistungen. Dieses Umlandgebiet, das also durch versorgungsfunktionale Verflechtungen zwischen dem Zentrum und dem Umlandbereich gekennzeichnet ist, wird unterschiedlich bezeichnet. Heute sind in der Fachliteratur die Begriffe „Ergänzungsgebiet", „Einzugsgebiet", „Einzugsbereich", „Verflechtungsbereich", „Versorgungsgebiet" u.Ä. gebräuchlich. Die **äußere Grenze** dieses Gebiets ergibt sich aus der **Reichweite der zentralörtlichen Einrichtungen** des betreffenden Zentralen Ortes, also der maximalen Entfernung, bis zu der diese Einrichtungen aufgesucht und in Anspruch genommen werden. Unbedeutendere Zentrale Orte, z.B. kleine ländliche Marktorte und Kleinstädte, besitzen lediglich Einrichtungen, die zwar häufig, aber nur von den Bewohnern eines relativ eingeschränkten Einzugsgebiets aufgesucht werden (z.B. **Lebensmitteleinzelhandel**). **Mittel- und Großstädte** besitzen dagegen – neben häufig in Anspruch genommenen Einrichtungen für das engere Versorgungsgebiet – auch solche, die zwar seltener, dafür aber auch von Nutzern eines ausgedehnteren

Einzugsgebiets nachgefragt werden (z.B. **Spezialeinzelhandel, Facharzt, Hochschule**). So ergibt sich entsprechend dem Bedeutungsüberschuss der Stadt und der Ausdehnung ihres Einzugsbereiches eine Hierarchie der Zentralen Orte.

Hexagonales Ordnungsraster

Im Modell besteht auf jeder Hierarchiestufe (Zentrale Orte geringer, mittlerer, höherer, hoher, sehr hoher Ordnung) eine **Anordnung der Zentralen Orte in Sechseckform** (Form der Bienenwabe), da eine solche hexagonale Gestalt der Einzugsgebiete die rationellste Form ist, die im Gegensatz zum Kreis oder zu anderen geometrischen Figuren **den Raum flächendeckend ohne Überschneidungen abdeckt** und eine **optimale Erreichbarkeit der Zentralen Orte** von allen Teilen ihres Einzugsgebietes aus gewährleistet. Die Einzugsgebiete der Zentralen Orte höherer Hierarchiestufe setzen sich jeweils aus den Einzugsgebieten von sechs Zentralen Orten der nächst niederen Stufe zusammen, so dass sich im Modell wirtschaftlich effiziente Netze von Zentralen Orten (= Städten) der verschiedenen Größenordnungen (= Hierarchiestufen) ergeben, die das betreffende **Land optimal mit Gütern und Dienstleistungen versorgen** können (vgl. Abb. 2.11). Die Zentralen Orte wurden von CHRISTALLER nach **althergebrachten Bezeichnungen** für Orte der entsprechenden Bedeutung und Größenordnung benannt. „M-Ort" ist ein „Marktort", „A-Ort" ein „Amtsstädtchen", „K-Ort" ein „Kreisstädtchen", „B-Ort" ein „Bezirkshauptort" und „G-Ort" ein „Gaubezirksort"; es folgen in der Hierarchie „P-Orte" („Provinzialhauptorte"), „L-Orte" („Landeszentralen") und ein „R-Ort" („Reichshauptstadt").

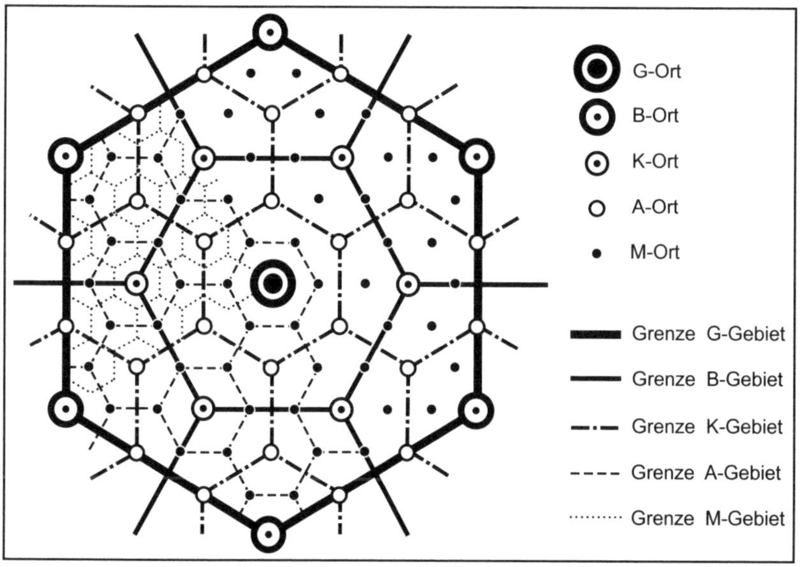

Abb. 2.11: Theoretische Verteilung der Städte nach dem Modell von WALTER CHRISTALLER (CHRISTALLER 1933, S. 71).

Datenerhebung

CHRISTALLER ermittelte die Hierarchie der Zentralen Orte mit der sog. **Telefonmethode**, indem er die **Zahl der Telefonanschlüsse pro Ort** in Beziehung zur **Einwohnerzahl** setzte und auf diese Weise den **Bedeutungsüberschuss** ermittelte. Einen Telefonanschluss besaßen zur Zeit der Erarbeitung der Theorie durch CHRISTALLER in der Regel keine Privatpersonen, sondern nur Behörden, öffentliche Einrichtungen, Freiberufler oder größere Dienstleistungsbetriebe, so dass der ermittelte Besatz mit Telefonapparaten einen brauchbaren Einblick in die zentralörtliche Bedeutung des betreffenden Ortes im Vergleich mit anderen Orten geben konnte.

Später, mit der flächendeckenden Verbreitung des Telefons, verlor diese Methode natürlich rasch an Bedeutung. Andere Autoren verwendeten vor allem die sog. **Katalogmethode** (Messung der Zentralität anhand von **Katalogen zentralörtlicher Einrichtungen**, die für bestimmte Hierarchiestufen typisch sind und deren Vorhandensein im Untersuchungsort überprüft wurde). Auch die **Beschäftigtenstruktur von Städten** wurde analysiert: Anhand der Anzahl oder des **Anteils der Beschäftigten im** für diese Fragestellung relevanten **Dienstleistungsbereich** versuchten Autoren, die Stellung von Städten in der Hierarchie der Zentralen Orte festzustellen. Bedeutung erlangte auch die sog. **empirische Umlandmethode**, die mit Befragungen von Gewährsleuten in den nicht-zentralen Orten bezüglich der **Inanspruchnahme von Einrichtungen** verschiedener Qualität und Wertigkeit (kurz-, mittel-, langfristig; gering-, mittel-, hochwertig) in den umliegenden Zentren arbeitet. Mit letzterer Methode wurde vor allem versucht, die Bedeutung und Stellung Zentraler Orte in bestimmten Räumen zu erkennen und zu analysieren sowie die aktuellen Grenzen der Einzugsbereiche empirisch zu ermitteln.

Anschlussstudien

Das bekannteste Beispiel für eine entsprechende empirische Arbeit ist die vom **Institut für Landeskunde** und vom **Zentralausschuss für deutsche Landeskunde** als Gemeinschaftsarbeit in den 1960er Jahren durchgeführte flächendeckende empirische Untersuchung über die **Zentralen Orte** und zentralörtlichen Bereiche **mittlerer und höherer Stufe** in der Bundesrepublik Deutschland (vgl. KLUCZKA 1970). Einen Überblick über die verschiedenen **Methoden der Zentralitätsmessung** gibt HEINRITZ (1979, S. 46ff.). BLOTEVOGEL (1996) analysiert in einem ausführlichen Überblick die **„Karriere und Krise" der Zentrale-Orte-Theorie** und des daraus abgeleiteten Raumordnungskonzepts. Er verweist vor allem auf den abnehmenden Erklärungsgehalt der Theorie für die Standortverteilung und das Standortverhalten von Dienstleistungen, da sich in der Gegenwart weniger die haushaltsorientierten und privaten, sondern eher die unternehmensorientierten Dienstleistungen dynamisch entwickeln. Da diese kaum distanzempfindlich sind und für ihre Lokalisierung Agglomerations- und Transaktionskostenvorteile eine wesentliche Rolle spielen, bleiben sie in der „klassischen" Theorie nach CHRISTALLER unberücksichtigt (BLOTEVOGEL 1996, S. 13).

2.5.1.2 Die Umsetzung des Modells in der Planungspraxis

Einführungsphase

Nach dem Zweiten Weltkrieg fand das Modell der Zentralen Orte in vielen Ländern weltweit in der Planungspraxis Anwendung. In Deutschland wurde es als Konzept in die **Landesentwicklungsprogramme der Bundesländer** übernommen; die Zentralen Orte der verschiedenen Hierarchiestufen setzte man seit den 1960er bzw. 70er Jahren als Instrumente der Raumordnung, Regional- und Landesplanung ein, um **periphere Räume zu entwickeln** und um ein **flächendeckendes hochwertiges Versorgungsniveau** auch in ländlichen Räumen sicherzustellen. D.h. es wurden in Regionen, die Versorgungsdefizite zeigten, Zentrale Orte ausgewiesen und ausgebaut, z.B. durch **staatliche Investitionen in öffentliche Versorgungseinrichtungen** solcher Bereiche, in denen diese Städte selbst bzw. ihre Einzugsbereiche unterversorgt waren, wie Gymnasien, Fachhoch- oder Hochschulen, Spezialkrankenhäuser, hochwertige Sport- und Freizeiteinrichtungen etc. Gleichzeitig wurden Anreize zur Verbesserung und Verstärkung des **Angebots im privaten Dienstleistungsbereich** (Einzelhandel, freie Berufe) **und auf dem Arbeitsmarkt** geschaffen, z.B. durch Bauleitplanung, finanzielle Fördermaßnahmen im Rahmen von Programmen zur Strukturverbesserung sowie durch Investitionen in die Verkehrsinfrastruktur, um die verkehrliche Anbindung des Einzugsbereichs an die Versorgungszentren zu optimieren.

Rechtlicher Hintergrund

Hintergrund der Festlegung Zentraler Orte ist der **Verfassungsgrundsatz, gleichwertige Lebensbedingungen** in der gesamten Bundesrepublik Deutschland zu verwirklichen. Durch das schon bestehende oder noch zu entwickelnde Netz Zentraler Orte sollen **angemessene Erreichbarkeitsbedingungen** für die Nachfrage nach Gütern und Dienstleistungen gewährleistet werden. Nach dem **Raumordnungsgesetz des Bundes** sind die dezentrale Siedlungsstruktur Deutschlands durch die Ausrichtung der Siedlungstätigkeit auf ein System leistungsfähiger Zentraler Orte zu erhalten, die soziale Infrastruktur vorrangig in Zentralen Orten zu bündeln und die Zentralen Orte im ländlichen Raum als Träger der Entwicklung zu unterstützen. In der Gegenwart sind daher das **Zentrale-Orte-Konzept flächendeckend** durch die Raumordnung der Bundesländer **eingeführt** und die **Zentralen Orte nach Funktion, Ausstattung und Bedeutung rechtsverbindlich festgelegt**. In den letzten Jahren wurde – neben der Bedeutung für die Infrastrukturausstattung – das Zentrale-Orte-Konzept verstärkt dazu verwendet, um die regionale Siedlungstätigkeit im Sinne einer **nachhaltigen Raumentwicklung** zu steuern. Hierzu dient das **siedlungsstrukturelle Leitbild einer dezentralen Konzentration**, das die „Zersiedlung" der Landschaft und die übermäßige Flächeninanspruchnahme bremsen soll. Zur Verwirklichung dieses Leitbildes trägt die Konzentration der weiteren Siedlungsentwicklung auf die Zentralen Orte bei (vgl. BUNDESAMT FÜR BAUWESEN UND RAUMORDNUNG 2005, S. 250f.; vgl. auch BLOTEVOGEL 1996, S. 15).

System der Zentralen Orte

Im Einzelnen wurde (und wird bis in die Gegenwart) in den verschiedenen deutschen Bundesländern sowie im benachbarten Ausland von unterschiedlichen Systemen Zentraler Orte ausgegangen, wobei jeweils die **hierarchische Ordnung** und die **Zuordnung von Einzugsgebieten zu den Zentren** kennzeichnend sind. In Deutschland wird im Allgemeinen mit einem 3–4-stufigen System der Zentralen Orte gearbeitet (oft mit Zwischenstufen), das in Raumordnungsgesetzen und -plänen, Landesplanungsgesetzen und -programmen, Regionalplänen u.Ä. festgeschrieben ist:

- **Oberzentren** sind Städte mit höchster Zentralität; sie versorgen selbstverständlich einerseits ihr unmittelbares Umland mit Angeboten des kurz- bis mittelfristigen Bedarfs, andererseits besteht ihre Funktion darin, einen ausgedehnten Einzugsbereich mit hoch- und höchstwertigen Gütern und Dienstleistungen des langfristigen und episodischen Bedarfs zu versorgen. Hierzu gehören spezialisierte Angebote des Einzelhandels und der privaten Dienstleistungen sowie Bundes- und Landesbehörden, Einrichtungen der Kultur, des Justiz-, Sozial-, Bildungs- und Gesundheitswesens u. Ä. (z. B. Obergerichte, Ministerien und deren nachgeordnete Behörden, Universitäten, Opernhäuser, Kunstmuseen von überregionaler Bedeutung, Spezialkliniken). Die Skala der Oberzentren reicht dabei von der **großen Mittelstadt** (etwa Regierungsbezirkssitz) bis zur **Weltstadt**.

- **Mittelzentren** versorgen als Zentrale Orte der mittleren Stufe ihr Einzugsgebiet mit Angeboten des mittelfristigen bzw. gehobenen Bedarfs, z. B. im spezialisierten Einzelhandel, im Bereich der öffentlichen Verwaltung (Landratsamt, Finanzamt, Gesundheitsamt u. a.), der freien Berufe (Rechtsanwälte, Fachärzte, Steuerberater usw.), der Bildung (Gymnasien, differenzierte Berufsschulen), der Kultur (Volkshochschule), des Sports u. a. In der Regel handelt es sich um **größere Kreisstädte**.
- **Unterzentren** decken den täglichen bis mittelfristigen Bedarf. Es sind in der Regel **kleinere Kreisstädte** oder **ländliche Marktorte** mit Einzelhandelsgeschäften, einigen Ärzten und Zahnärzten, einer Haupt- und Realschule u. Ä.
- **Kleinzentren** stehen auf der untersten Hierarchiestufe und erfüllen lediglich Aufgaben der Grundversorgung mit Gütern und Diensten des täglichen Bedarfs, z. B. Kindergarten, Grundschule, Lebensmittelgeschäft, Allgemeinarzt, Sitz einer Verwaltungsgemeinschaft, Filiale einer ländlichen Kreditgenossenschaft u. Ä. Ihr Einzugsgebiet reicht nicht über wenige umliegende Gemeinden hinaus.
- Als Zwischenstufe wurde in einigen deutschen Bundesländern z. B. das **„Mittelzentrum mit Teilfunktionen eines Oberzentrums"** ausgewiesen, auch „Mögliches Oberzentrum" genannt (in Bayern). In Räumen, in denen bisher ein vollwertiges Oberzentrum fehlt, übernimmt dieser Ort teilweise dessen Funktionen. Er muss aber weiter ausgebaut und mit bisher noch fehlenden Einrichtungen versehen werden, um als vollwertiges Oberzentrum gelten zu können. Analog wurde eine derartige **Zwischenstufe zwischen dem Unter- und dem Mittelzentrum** ausgewiesen.

Veraltetes Modell?

Seit den 1990er Jahren wird die Brauchbarkeit des Zentrale-Orte-Modells für die Landes- und Regionalplanung **zunehmend infrage gestellt**. Deiters (1996) fragt „Ist das Zentrale-Orte-System als Raumordnungskonzept noch zeitgemäß?" und glaubt, dass „angesichts der grundlegenden Schwächen des zentralörtlichen Gliederungsprinzips der Raumordnung und des Zentrale-Orte-Systems als dessen Basismodell" die Landes- und Regionalplanung vom **herkömmlichen Zentrale-Orte-Konzept** und der darauf aufbauenden Siedlungs- und Infrastrukturplanung **abrücken** und stattdessen den **Aufbau von Netzen kooperierender Zentren unterstützen** sollte (Deiters 1996, S. 31; vgl. auch 2.5.3).

Veränderungen in Unterzentren

Vor allem zwei stadtgeographische Entwicklungsprozesse zogen in den letzten Jahrzehnten **Wandlungen des räumlichen Verbraucherverhaltens** nach sich und damit Veränderungen im zentralörtlichen Gefüge. Die **private Motorisierung** und damit die Möglichkeit für breite Bevölkerungsgruppen, größere Distanzen zurückzulegen und größere Mengen zu transportieren, führten zu einem **Bedeutungsverlust von ländlichen Klein- und Unterzentren** zugunsten größerer Mittelzentren, die besonders im Einzelhandel und im privaten Dienstleistungsbereich ihre Einzugsgebiete ausdehnen konnten. Sie ziehen durch die Errichtung großflächiger Einzelhandelsgeschäfte zunehmend Kunden von Klein- und Unterzentren ab und entwerten deren Bedeutung. Auch die Tendenz, wegen Lebensmitteln **weniger oft einkaufen** zu gehen, **dafür aber größere Mengen** pro Einkauf mitzunehmen, verstärkt diesen Trend. Ein Bedeutungsverlust des örtlichen kleinbetrieblichen, mittelständischen Einzelhandels und analog der **Bedeutungsgewinn der Großfilialbetriebe** und insbesondere der **Discounter in den Mittelzentren** ist die Folge.

Veränderungen in Oberzentren

Im großstädtischen Verdichtungsraum führen Suburbanisierungsprozesse vielfach zu **Funktions- und Standortverlagerungen aus den Oberzentren** hinaus in Gemeinden an ihrem Stadtrand (vgl. 2.4.2.2). Besonders im großflächigen Einzelhandel besitzen heute nicht-Zentrale Orte des suburbanen oder des großstadtnahen ländlichen Raums ausgedehnte Einzugsgebiete, die einen entsprechenden **Funktionsverlust der City des Oberzentrums** anzeigen. Als Extrembeispiele für solche Standortverlagerungsprozesse, die mit dem Zentrale-Orte-Modell nicht mehr erklärbar sind, gelten FOC („factory outlet centres"), deren Standorte unabhängig von der Zuordnung zu einem „alten" Zentralen Ort allein aufgrund ihrer sehr guten Verkehrsanbindung für mobile Kunden (z. B. an Autobahnkreuzen) gewählt werden und die somit **monofunktionale Zentrale Orte neuer Art** darstellen. Vielfach wird diese Entwicklung als Versagen des Zentrale-Orte-Konzepts in der Raumplanung dargestellt; BLOTEVOGEL (1996, S. 18f.) weist jedoch nach, dass die mangelnde Wirksamkeit nicht gegen das Konzept sprechen muss, sondern das Ergebnis von **Defiziten bei der praktischen Umsetzung durch die Politik** darstellt.

2.5.2 Rangordnungen von Städten

2.5.2.1 Rang-Größen-Regel und Primatstadt

Analysegrundlage

Mit Hilfe der Rang-Größen-Regel – in der Fachliteratur häufig auch auf Englisch als „rank-size-rule" bezeichnet – wird versucht, die **Verteilung der Städte eines Landes** nach ihrer Größe (Einwohnerzahl) zu beschreiben und **im Vergleich mit anderen Ländern** Grundlagen für Analysen der Städtesysteme bereitzustellen. Kern dieser Regel, die auf AUERBACH (1913) zurückgeht und später vor allem von US-amerikanischen Geographen weiter ausgebaut wurde, ist die Annahme, dass es bei der der Anzahl und Verteilung von Städten eines Landes nach ihrer Einwohnergröße Regelhaftigkeiten gibt. **Im Idealfall** besteht eine **Beziehung zwischen der Einwohnerzahl** einer Stadt und **ihrer Rangfolge** innerhalb des Städtesystems des betreffenden Landes in folgender Weise: Die zweitgrößte Stadt eines Landes soll halb so viele Einwohner haben wie die größte, die drittgrößte ein Drittel so viele Einwohner usw. In einem Land, dessen Städte der Regel entsprechen, würde sich demnach die Einwohnerzahl einer bestimmten Stadt als Ergebnis der Division der Einwohnerzahl der größten Stadt durch die Rangstelle der zu untersuchenden Stadt ergeben. Oder umgekehrt ausgedrückt: Die Einwohnerzahl der größten Stadt eines Landes ergibt sich durch die Multiplikation der Einwohnerzahl einer beliebigen Stadt mit ihrer Rangziffer.

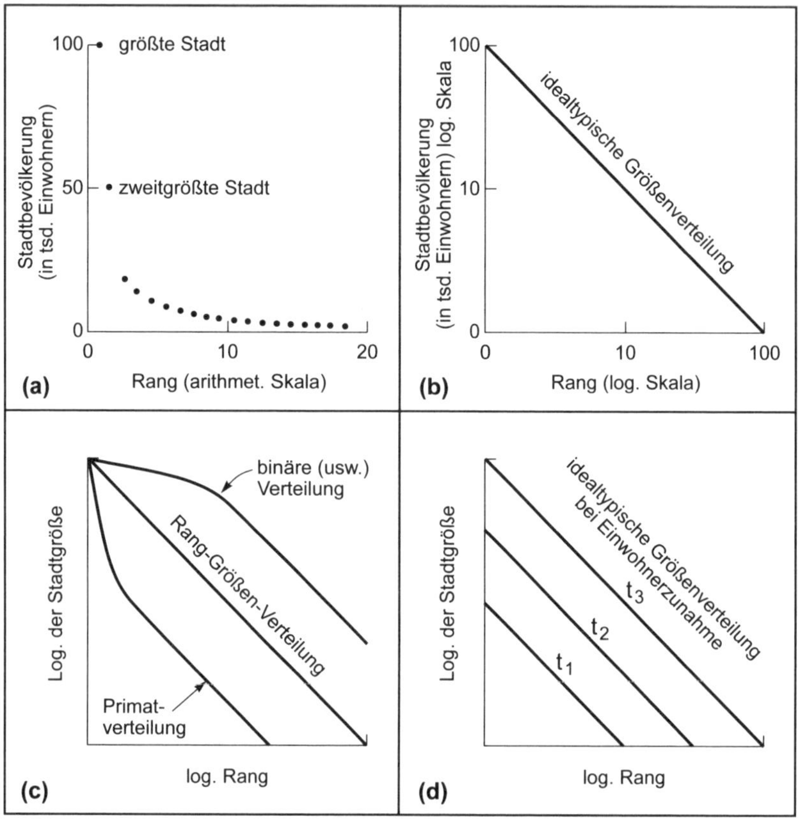

Abb. 2.12: Die Rang-Größen-Regel (nach HAGGETT 1983, S. 461).

Beispiel

HAGGETT (1983, S. 460ff.) erläutert die Regel am Beispiel eines Landes mit 20 Städten, die sich bezüglich ihrer Einwohnerzahl regelhaft verhalten. Im Diagramm (vgl. Abb. 2.12) sind auf der y-Achse die jeweiligen Einwohnerzahlen und auf der x-Achse die Städte nach dem Rangplatz ihrer Bevölkerungsgröße eingetragen. Abbildung **a)** zeigt das Verteilungsmuster bei einem **arithmetischen Maßstab**. Bei einem **logarithmischen Maßstab (b)** ergibt die graphische Darstellung eine Diagonale. Abbildung **c)** stellt im Gegensatz dazu das Verteilungsmuster beim Vorhandensein **nicht regelhafter Größenordnungen der Städte** dar, vor allem wenn die zweite Stadt im Verhältnis zur ersten zu groß oder zu klein ist. Abbildung **d)** zeigt die **Veränderung des Musters im Zeitverlauf** unter der Annahme eines gleichmäßigen Wachstums aller Größenklassen.

Erkenntniswert

Es wurde häufig versucht, aus der Analyse der Städtegrößen und ihrer zahlenmäßigen Verteilung in einem Land optimale Stadtgrößen abzuleiten, indem man die **Einhaltung der Rang-Größen-Regel zum planerisch anzustrebenden Ziel** erklärte. Eine derartige normative Anwendung der Regel muss mit FASSMANN (2004, S. 175) zurückgewiesen werden. Jedoch hat die Analyse der Rang-Größen-Verteilung im Städtesystem eines Landes durchaus hohen Erkenntniswert. Aus der **Abweichung der Kurve vom „Ideal“** (vgl.

Abb. 2.12c), insbesondere in der zeitlichen Abfolge, lassen sich häufig **Rückschlüsse** auf politische Entwicklungslinien, auf territoriale Veränderungen des Staates und seiner Teilräume in der Vergangenheit, auf gegenwärtige Siedlungs- und Wirtschaftsstrukturen und auf sozio-ökonomische Disparitäten innerhalb eines Landes ziehen.

Abweichungen

Signifikante Abweichungen von der Rang-Größen-Regel können in beiden Richtungen beobachtet werden. Häufig diskutiert wurde in der stadtgeographischen Literatur vor allem der Fall, bei dem die größte Stadt eines Landes, also Rang 1, wesentlich größer ist als das Doppelte der zweitgrößten Stadt, wo also ein Missverhältnis zwischen den Einwohnerzahlen der größten Stadt und der nachfolgenden Städte besteht. Nach JEFFERSON (1939) spricht man hier von einer **Primatstadt** („primate city"). Nach BERRY (1961) sind das Entstehen und die Entwicklung einer solchen Primatstadt typisch für den **frühen Entwicklungsstand eines agrargesellschaftlichen Staates** ohne weitere industrielle und gewerbliche Zentren außerhalb des Herrschaftssitzes, also der Hauptstadt.

Primatstädte in Entwicklungsländern

Diese Begründung kann in der Gegenwart mit gewisser Berechtigung für die Entwicklung von Primatstädten in vielen Entwicklungsländern herangezogen werden. Eine große Zahl afrikanischer Staaten, aber auch von Ländern in Asien und Lateinamerika, zeigen dieses Phänomen. Die Hauptstadt ist hier oft das **alleinige politische, gesellschaftliche und wirtschaftliche Machtzentrum**, in dem Entscheidungen getroffen und Investitionen getätigt werden. Besonders in den vielen diktatorisch oder nur teilweise demokratisch regierten Entwicklungsländern stützt sich die Machtelite häufig ganz überwiegend auf die Bevölkerung, die Militärkräfte und das Wirtschaftspotenzial der Hauptstadt. Die Peripherie ist oft kaum in das Wirtschaftsleben des Staates integriert und erhält nur minimale Investitionen; die Hauptstadt entwickelt sich mit ihren „pull"-Faktoren zum Ziel sich **verstärkender Land-Stadt-Wanderung** (vgl. 2.3.3). Neben der Hauptstadt als Primatstadt kann sich kein weiteres Zentrum entwickeln, und **der Abstand** zwischen der größten Stadt und den nächst folgenden **wächst** in der Regel **kontinuierlich weiter**.

Vernachlässigung ländlicher Räume

HAUSER (1991, S. 486ff.) weist darauf hin, dass „durch die Konzentration von Reichtum, Macht und Status" in den Hauptstädten von Entwicklungsländern Städte wie Manila und Bangkok mehr mit Tokio und Washington gemeinsam haben als mit ihrem entsprechenden Hinterland. Die Primatstadtentwicklung führe dazu, dass in den armen Entwicklungsländern eine sich verstärkende Polarisation stattfinde und der **Hauptkonflikt** „weniger zwischen **Inland und Ausland**, sondern vielmehr zwischen **Stadt und Land**" (HAUSER 1991, S. 487) ausgetragen werde, da die übermäßige Konzentration der Infrastruktur und der Wirtschaft auf die Hauptstadt zu einer eklatanten Vernachlässigung der ländlichen Räume einschließlich kleinerer Städte beitrage. Diese Disparitäten setzen sich im Inneren der Primatstädte fort, welche in aller Regel eine sehr deutliche funktionale und sozialräumliche Fragmentierung im Stadtgebiet aufweisen (vgl. 3.1.3.2).

Beispiel Indien

Man spricht in diesem Zusammenhang von **„funktionaler primacy"** in Entwicklungsländern (vgl. HEINEBERG 2001, S. 48). BRONGER (1996, S. 77) bringt hierfür das Beispiel Indien: Auf die **drei Megastädte Bombay, Kalkutta und Delhi** entfielen um 1990 knapp 4 % der indischen Bevölkerung, aber

12,7% der Universitätsstudenten, 15,5% der Krankenhausbetten, 18,3% des Produktionswertes der Industrie, 30,6% des überseeischen Im- und Exportes, 34,3% der Telefonanschlüsse, ca. 40% der PKW, 43,5% der indischen Einkommensteuer und ca. 90% des internationalen Flugverkehrs.

Primatstädte in Industrieländern

Auf andere Ursachen als in den Entwicklungsländern geht die Existenz einer Primatstadt in wirtschaftlich hoch entwickelten Staaten zurück, wie beispielsweise im Fall von Frankreich (Paris), Österreich (Wien) oder Ungarn (Budapest). In Frankreich führte ein seit Jahrhunderten ausgeprägtes **zentralistisches Regierungs- und Verwaltungssystem** zur Entwicklung von Paris als Primatstadt. In Österreich und Ungarn ist die übermäßige Größe der Hauptstädte im Verhältnis zu den nächst folgenden Städten erklärlich, wenn man die bis zum 1. Weltkrieg **wesentlich größeren Vorgängerstaaten** betrachtet, in denen Wien bzw. Budapest an der Spitze ausgeglichenerer Städtehierarchien standen. In längeren Zeiträumen hatten sich hier **Städtesysteme** entwickelt, die auch nach der Veränderung der politisch-geographischen Voraussetzungen als **persistente Strukturen erhalten** geblieben sind und sich seither nur langsam verändern.

Oligarchische Städteentwicklung

Während die graphische Darstellung des Rang-Größen-Verhältnisses im Fall der Primatstadtentwicklung eine konkave Form aufweist, zeigt sich im umgekehrten Fall eine konvexe Kurve (Abb. 2.12 c). Hier konnte sich keine Stadt als mit Abstand führende Hauptstadt und alleiniger großer Agglomerationsraum herausbilden. Die auf die größte Stadt folgenden Städte sind wesentlich größer, als nach der Regel zu erwarten wäre. Auch beim Zustandekommen einer derartigen Rang-Größen-Verteilung spielen **historische Entwicklungen** bzw. die **gegenwärtige Staats- und Verfassungsstruktur** die Hauptrolle. Beispiele für Länder mit einer solchen „oligarchischen" Stadtentwicklung (vgl. FASSMANN 2004, S. 172ff.) stellen Deutschland, die Schweiz, Italien und Polen dar. Es sind entweder Länder mit **ausgeprägt föderalistischer Staatsstruktur** wie die Schweiz oder Staaten, in denen die **Hauptstadtfunktionen**, wie in Deutschland, **auf mehrere Städte verteilt** sind, oder aber Staaten, in denen sich **einzelne Landesteile** in der Vergangenheit **unabhängig voneinander** mit eigenen Städtesystemen und jeweils eigenen wirtschaftlichen und administrativen Zentren **entwickelten**, wie beispielsweise in Polen zur Zeit der Teilungen oder in Italien vor der Zeit der neuzeitlichen Staatsgründung.

2.5.2.2 „global cities"

Definition

Der Begriff „global city" ist relativ neu; er ist vor allem im Zusammenhang mit der Diskussion über die wirtschaftsgeographischen Auswirkungen der Globalisierung in die Stadtgeographie übernommen worden. Er wurde als Fachausdruck in den 1980er und 90er Jahren von SASSEN geprägt, in einen theoretischen Kontext gestellt und empirisch untersucht (vgl. SASSEN 1996, 2000). Die Bezeichnung ist begrifflich vom älteren Terminus „Weltstadt" zu unterscheiden, die über die Einwohnerzahl, gelegentlich auch über die Wirtschaftskraft definiert wird (vgl. 3.4.4). Der Begriff global city verweist demgegenüber auf die Entwicklung eines **globalen Städtesystems**, in dem – sozusagen oberhalb der Ebene nationaler Oberzentren nach dem Modell von CHRISTALLER (vgl. 2.5.1.1) – einzelne Städte bzw. großstädtische Agglomerationen als **Steuerungszentren der globalisierten Weltwirtschaft** wirken. Derartige Agglomerationsräume sind „herausragende Knotenpunkte der Organisationsnetze von global agierenden Unternehmen und fungieren als primäre Zentren für die weltwirtschaftliche Integration …" (KRÄTKE 2006, S. 116).

Voraussetzung

Voraussetzung für die Entwicklung eines Systems von global cities waren und sind typische **Auswirkungen des Globalisierungsprozesses**, durch den sich wirtschaftliche Entscheidungskompetenzen immer stärker über die Grenzen von Nationalstaaten hinweg in die Zentralen multinational bzw. global operierender Unternehmen verlagern. Die **wesentlichen Entscheidungen von weltwirtschaftlicher Bedeutung** fallen in den Orten, wo diese globalen Unternehmen ihren Sitz haben: in den **global cities**. SASSEN (2000, S. 195) verweist darauf, dass die Globalisierung ökonomischer Aktivitäten notwendigerweise mit neuartigen Organisationsstrukturen verbunden sei. Um diese theoretisch und empirisch erfassen zu können, habe „ein neues Ideengebäude erstellt" werden müssen. Ein wichtiger Grundbaustein dabei war das Konstrukt „global city".

Aktuelle Forschung

Überblicke über die noch junge und angesichts der zur Zeit ablaufenden weltweiten Globalisierungsprozesse sehr aktuelle global-city-Forschung gaben zuletzt SASSEN (2000) und GERHARD (2004). Besonders aktiv wird die Erforschung von global cities derzeit durch die Globalization and World City Research Group (GaWC) an der britischen Universität Loughborough betrieben (z. B. BEAVERSTOCK et al. 2000). Als **wichtigste Kennzeichen** von global cities gelten heute im Allgemeinen folgende Eigenschaften: Es sind

- die Kommandozentralen der **Organisationen** der Weltwirtschaft,
- die entscheidenden Standorte für das **globale Finanzwesen** und für hochwertige spezialisierte Dienstleistungen und Orte der Konzentration und Akkumulation von internationalem Kapital,
- im industriellen Bereich die wichtigsten **Zentren der Innovation**, der Entwicklung neuer Technologien, aber auch der Steuerung der Absatzmärkte, beispielsweise als Sitz von Warenbörsen,
- **Zentren der Medien**, der „Meinungsmacher", des Entstehens von Modeströmungen und der Entwicklung von Lebensstilen,
- wichtige **Zielgebiete von Zuwanderern** aus dem Inland und von Einwanderern aus dem Ausland, wodurch sich neben multinationalen Unternehmen auch eine zunehmend multiethnische Bevölkerung entwickelt.

Empirische Untersuchungen

Für empirische Untersuchungen über die Einordnung von Städten in die Kategorie der global cities operationalisierten verschiedene Autoren die oben genannten Charakteristika, wobei vor allem dem Merkmal **„Standort international agierender Finanzkonzerne"** großes Gewicht beigemessen wurde. Inzwischen liegen diverse Studien über global cities und ihre Rangordnung vor; meist wird von einer **dreistufigen Hierarchie** ausgegangen: **Alpha-, Beta-, Gamma-Weltstädte** (vgl. GERHARD 2004, S. 7f.). Einigkeit herrscht darüber, dass New York, London und Tokio an der Spitze der Hierarchie stehen; es folgen Städte wie Paris, Chicago, Frankfurt/Main, Mailand, Hongkong, Toronto, Los Angeles und Singapur (vgl. Abb. 2.13).

Vergleich Deutschland – Großbritannien

Dass sich in Deutschland neben Frankfurt mehrere Städte der Gamma-Kategorie entwickelten (Berlin, München, Hamburg, Düsseldorf), hängt selbstverständlich mit dem **föderativen Staatsaufbau** und der dadurch verursachten **Verteilung entsprechender Funktionen auf mehrere Städte** zusammen. So sieht HOYLER (2004, S. 27) die Ursache für die Tatsache, dass London als globales Finanz- und Dienstleistungszentrum in der Rangfolge weit vor Frankfurt liegt, darin, dass „das deutsche Städtesystem mit seiner ausgeprägten komplementären Funktionsteilung eine vergleichsweise starke globale Vernetzung aller großen deutschen Städte ... nach sich zieht". Das **britische Städtesystem** ist demgegenüber auf die **Primatstadt London** fixiert, wo sich alle wesentlichen Funktionen konzentrieren. In den letzten Jahren wurden global cities und ihre Entwicklung in einer Reihe von Fallstudien analysiert, so z. B. London durch GAEBE (1989) und HEINEBERG (2007), Los Angeles durch THIEME und LAUX (1996), Hongkong durch BREITUNG und SCHNEIDER-SLIWA (1997), New York, Chicago und Los Angeles durch HAHN (2004), Berlin durch KRÄTKE (2004), Mumbai (Bombay) durch NISSEL (2004), London und Frankfurt/Main durch HOYLER (2004).

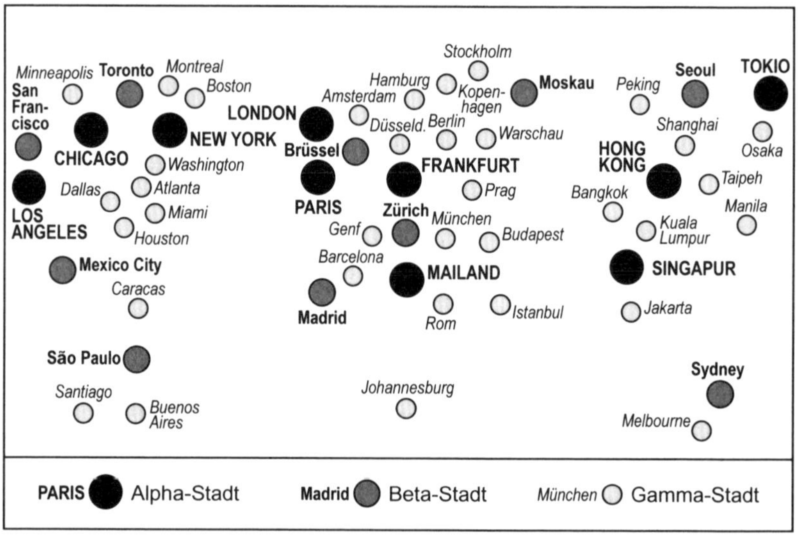

Abb. 2.13: Die Hierarchie der „global cities" (bearbeitet nach GaWC: TAYLOR 2001).

2.5.3 Städtenetze

Gemeinsame Zielumsetzung

In den Ländern der EU und in anderen hoch entwickelten Industriestaaten kommt es in zunehmendem Maße zu einer **Zusammenarbeit von Städten einer Region** mit den Zielen gemeinsamen Stadtmarketings, gemeinsamer Wirtschaftsförderungs- und Gewerbeansiedlungspolitik, einer Verstärkung von Synergieeffekten bei der Planung und dem Ausbau von Infrastrukturen, gemeinsamen Auftretens gegenüber der Regierung, übergeordneten Behörden, Lobby-Verbänden u. Ä. Man spricht hier von Städtenetzen, die **auf formeller und informeller Basis** bestehen können, immer aber **gemeinsame Interessen** der beteiligten Städte voraussetzen. Sie beruhen auf Eigeninitiative und freiwilliger Selbstorganisation der beteiligten Städte, stehen **außerhalb der staatlichen Verwaltungsgliederung** und können somit auch administrative sowie politische Grenzen überschreiten und Städte verschiedener Regionen und Länder umfassen. Typisch ist auch, dass bei der Verfolgung der stadtentwicklungspolitischen Ziele von vernetzten Städten häufig neben den **Stadtverwaltungen** auch **Organisationen der Wirtschaft** (z. B. Industrie- und Handelskammern und Unternehmensverbände) und **private Initiativen** einbezogen werden. Vor allem zu Zeiten wirtschaftlicher Problemsituationen werden Städtenetze nicht selten als Möglichkeit gesehen, derartige Probleme gemeinsam schneller zu überwinden statt sich nur in kleinlichem Konkurrenzdenken gegenseitig abzuschotten. Im Gegensatz zum hierarchisch aufgebauten System der Zentralen Orte ist daher für Städtenetze typisch, dass sich bevorzugt Städte **gleicher Größenordnung** und **ähnlicher wirtschaftsstruktureller Problemlage** zusammenschließen.

3 Typen von Städtenetzen

Priebs (1996, S. 36ff.) unterscheidet drei Typen von Städtenetzen:

a) **funktionale Städtenetze**, verstanden als System von Städten, die in unterschiedlicher Weise funktional miteinander verbunden sind, z. B. „durch Pendlerverflechtungen oder Naherholungsströme“. Es handelt sich also um ein eher **deskriptives Begriffsverständnis**.
b) **strategische Städtenetze**, verstanden als „strategische Allianzen, die von mehreren Städten eingegangen werden, um netzinterne Vorteile zu erreichen und/oder die gemeinsame Außendarstellung zu verbessern“. Es handelt sich also um eine **bewusste Zusammenarbeit zur Erreichung raumwirksamer Ziele**, wobei sich meist Städte vergleichbarer Größenordnung zu vernetzen versuchen. Priebs (1996, S. 39) zeigt am Beispiel des „Städtequartetts Diepholz/Vechta/Lohne/Damme“ eine derartige Vernetzung, die aus den Zielen heraus erwuchs, Probleme dieser Mittelzentren gemeinsam zu lösen bzw. raumordnerische und wirtschaftspolitische Ziele gemeinsam zu erreichen (Erhalt eines Universitätsstandortes, Einrichtung eines Interregio-Bahnhalts, Verbesserung der ÖPNV-Verbindungen, Erhalt eines militärischen Standorts zur Arbeitsplatzsicherung usw.).
c) **normative Städtenetze**, die zum Zwecke der Regional- und Landesentwicklung **durch Gesetz oder Verordnung** eingerichtet werden. Der Freistaat Sachsen sieht im Landesentwicklungsplan 1994 derartige Städtenetze als **„Sonderformen Zentraler Orte“** vor und macht Zielaussagen zur kooperativen bzw. komplementären Wahrnehmung zentralörtlicher Funktionen, z. B. für das Städtenetz Dresden/Leipzig/Chemnitz/Zwickau (Priebs 1996, S. 36f.). Auch die Sonderformen räumlich eng benachbarter Zentraler Orte der obersten Hierarchiestufe mit gegenseitiger Funktionsaufteilung und -ergänzung lassen sich als Städtenetze interpretieren, z. B. Nürnberg/Fürth/Erlangen in Bayern, Gießen/Wetzlar in Hessen oder Friedrichshafen/Ravensburg/Weingarten in Baden-Württemberg. Der Raumordnungsbericht 2005 schreibt hier von „Oberzentren in gegenseitiger Funktionsergänzung“, „oberzentralen Doppel- oder Mehrfachorten“ und „oberzentralen Städteverbünden“ (Bundesamt für Bauwesen und Raumordnung 2005, S. 252).

Touristische Allianz

Besonders häufig finden sich Städtenetze im Bereich des **touristischen Stadtmarketings**, wo nach neueren Angaben 49 % aller deutschen Großstädte und 24 % der Mittelstädte einer thematischen Städtekooperation angehören (CIMA-STADTMARKETING 2007, S. 29). Bekannteste thematische Kooperationen sind die touristischen Themenstraßen, auch **touristische Routen** genannt. Die „Romantische Straße", die „Route der Industriekultur", die „Straße der Romanik" sind Beispiele für derartige Städtekooperationen zum Zwecke des gemeinsamen Marketings und der **Steigerung des Bekanntheitsgrades** der Mitgliedsstädte im überregionalen Wettbewerb der touristischen Destinationen. Die Kooperation „Historic Highlights of Germany e. V." ist ein Städtenetz, zu dem sich 13 historische deutsche Städte wie z. B. Augsburg, Freiburg, Heidelberg, Münster, Regensburg, Würzburg u. a. mit der Deutschen Bahn, der Deutschen Zentrale für Tourismus und der Lufthansa zusammengeschlossen haben, um im In- und Ausland gemeinsam zu werben und die Tourismusnachfrage zu steigern.

3 Stadtstruktur, Stadtgliederung, Stadttypen

Kapitelaufbau

Im dritten Kapitel werden die Städte in ihren charakteristischen Ausprägungen, mit ihrer inneren Differenzierung und Gliederung, ihren Funktionen sowie ihren Struktur- und Prozessmerkmalen, aus denen sich Stadttypen ergeben, behandelt. Themen sind die innerstädtische Differenzierung, Viertelsgliederung und Segregationsprozesse (3.1), innerstädtische Standortsysteme (3.2), Stadttypen nach der Genese und nach Funktionen (3.3) und städtischen Größenordnungen (3.4) sowie Stadtstrukturen (3.5).

3.1 Innerstädtische Differenzierung und Gliederung

Merkmale einer Stadt

Zu den wichtigsten Merkmalen, die eine Stadt von einer ländlichen Gemeinde unterscheiden, gehört ihre Gliederung in verschiedene Stadtteile bzw. Stadtviertel. **Ländliche Gemeinden** weisen in der Regel eine **homogene Struktur** ohne die Ausbildung differenzierter Ortsteile auf, vor allem wegen ihrer relativ geringen Einwohnerzahl, ihrer in der Regel eher wenig ausdifferenzierten Sozialstruktur und des weitgehenden Fehlens größerer Gewerbebetriebe mit entsprechendem Flächenanspruch und Arbeitskräftebedarf. In **Städten** sorgen dagegen die **größere Zahl an Einwohnern**, die zudem vielfach sozial und ethnisch gemischt sind, die meist **große Vielfalt an gewerblichen Funktionen** – von der Industrie bis zur Versorgung des Umlands mit Dienstleistungen im Sinne des Zentrale-Orte-Konzepts nach Christaller (vgl. 2.5.1.) –, die **historische Entwicklung** und nicht zuletzt im Laufe der Zeit **sich wandelnde stadtplanerische Konzepte** dafür, dass sich **vielfältige Muster unterschiedlicher Stadtviertel** ausbildeten. In verschiedenen Kulturräumen entwickelten sich dadurch charakteristische regionale Stadtstrukturtypen (vgl. 3.5.2).

Viertelsbildung

Die Viertelsbildung, also die Untergliederung einer Stadt in unterschiedliche Teilräume, ist nach Köck (1992b, S. 22) ein Baustein und ein Grundprinzip der „(funktional- wie sozial-) **räumlichen Ordnung in der Stadt**". Nach Hofmeister (1991, S. 9) ist Viertelsbildung ein **„universales Anlageprinzip der Städte"**. Der Begriff „Viertel" (englisch: quarter, französisch: quartier) geht ursprünglich auf die Vierteilung der Stadt durch zwei sich im Zentrum kreuzende Hauptstraßen zurück. Hofmeister (1991, S. 10ff.) zeigt anhand von Beispielen aus unterschiedlichen Kulturkreisen, dass sich vielfach mythische, religiöse und geomantische Vorstellungen, z.B. die Verbindung mit den vier Himmelsrichtungen, in der Vierteilung historischer Städte nachweisen lassen. Die Bezeichnung blieb auch dann bestehen, wenn sich die Zahl der „Viertel" im Lauf der Stadtentwicklung vergrößerte. Heute wird, unabhängig von ihrer Anzahl, Größe und Gestalt, von Vierteln als **Arealen** gesprochen, in denen sich bestimmte Merkmale oder **Sachverhalte in typischer Ausprägung lokalisieren** lassen und die sich durch das Vorhandensein eben dieser Merkmale nach außen gegenüber solchen anderen Arealen **abgrenzen** lassen, denen diese fehlen. Solche viertelsbildenden Standortvergesellschaftungen können im baulichen (3.1.1), im funktionalen (3.1.2) oder im sozialräumlichen Bereich (3.1.3) bestehen und zur Bildung entsprechender Stadtviertel führen. Mit zunehmender Größe der Stadt nimmt in der Regel sowohl die Anzahl als auch die Vielfalt der Stadtviertel zu (vgl. Hofmeister 1991, S. 13 ff.; Hofmeister 1999, S. 135 ff.).

3.1.1 Morphogenetische Gliederung

Hochphase

Die Morphologie ist die Lehre von der äußeren Form oder Gestalt eines Gegenstands oder einer Erscheinung. Als Morphogenese bezeichnet man dementsprechend in der Stadtgeographie die Analyse der Entstehung oder Entwicklung der „Stadtmorphologie", d. h. der **Grundriss- und Aufrissgestalt einer Stadt**. Man spricht auch von „Stadtgestaltforschung". Arbeiten zur Stadtmorphologie und Morphogenese standen in der Frühzeit stadtgeographischer Forschung, ungefähr **zwischen 1900 und 1930**, im Zentrum des Forschungsinteresses. Hofmeister (1999, S. 8 f.) spricht von der „morphologischen oder physiognomischen Phase" als der **zweiten wichtigen Phase der Stadtgeographie**, nachdem bis dahin der Schwerpunkt bei der Frage nach Lage und Genese von Städten gelegen hatte. In dieser Phase wurden von Autoren wie Schlüter (1899), Oberhummer (1907), Geisler (1924) und Martiny (1928) **wichtige Arbeiten zur Morphologie und Morphogenese** der Städte und ihrer Teilräume, zur Entwicklung der städtischen Grundrissgestaltung und zur Bedeutung der Städte im Rahmen der „Morphologie der Kulturlandschaft" verfasst (zitiert nach Hofmeister 1999, S. 9). Wichtig war bei diesen Studien vielfach eine intensive Zusammenarbeit zwischen Geographen und Historikern, besonders bei Monographien über einzelne Städte oder über das Städtewesen einer bestimmten Landschaft.

Bedeutungsverlust

Seit dem Zweiten Weltkrieg hat die Beschäftigung mit der städtischen Morphologie und Morphogenese an Bedeutung verloren, vor allem wegen des **Aufkommens anderer stadtgeographischer Forschungsansätze** (Heineberg 2006, S. 1). Heute spielen stadtmorphologische Analysen vor allem in angewandten Arbeiten zur Stadtentwicklung und -planung und unter Aspekten der Stadt-, insbesondere der Altstadtsanierung, der Denkmalpflege und des Städtetourismus eine stärkere Rolle. Die Stadtmorphologie wird aber auch in Nachbarwissenschaften wie Städtebau, Städtegeschichte und Siedlungsarchäologie thematisiert. Heineberg (2006, S. 19) plädiert dafür, der Stadtmorphologie **in Zukunft wieder mehr Beachtung zu schenken** und „neue Fragmentierungen in der Stadtentwicklung" nicht nur vorrangig unter funktionalen und sozialräumlichen Aspekten zu sehen, sondern deutlicher **unter gestalterischen Aspekten** zu untersuchen.

Gliederungsziel und -faktoren

Ziel einer morphogenetischen Gliederung ist die **Abgrenzung von Stadtvierteln**, die aufgrund ihrer Entstehungszeit und Gründungsursachen, ihrer historischen Entwicklung und der damals herrschenden politischen, gesellschaftlichen und wirtschaftlichen Bedingungen – auch des jeweils dominanten architektonischen und künstlerischen Umfelds – **gleiche oder ähnliche Gestaltmerkmale** aufweisen. Hierzu gehören insbesondere die **Aufrissgestaltung**, die vor allem durch die **Fassaden von Häusern und ganzen Stra-**

ßenzügen (im Sinne von Ensembles) ihr Gepräge erhält, und die **Grundrissgestaltung**, die sich in **charakteristischen Straßen- und Platzmustern** äußert. Wichtige morphologische Elemente sind aber auch die **vorherrschenden Hausformen** wie Ein- und Mehrfamilienhäuser, Villen, Reihenhäuser, „Mietskasernen" des 19. Jahrhunderts, Wohnblocks der 1960er Jahre, „Plattenbauten" der DDR-Zeit usw. Entsprechende Forschungen erlauben oft tiefe Einblicke in historische Bevölkerungs- und Sozialstrukturen.

Untersuchungsaspekte

Nach Heineberg (2001, S. 135) muss eine „morphogenetische Stadtgeographie" folgende Untersuchungsaspekte berücksichtigen:

- **Grundrissgestaltung:** Hier geht es um das **historische** (organisch gewachsene oder gezielt geplante) **Straßennetz**, die oft Jahrhunderte alte **Parzellengröße und -struktur** sowie die **Anordnung der Gebäude**, z.B. in Form von Villen in parkartigen Gartengrundstücken, in Form von Reihenhäusern in kleinparzellierten Neubaugebieten im suburbanen Raum, in Form geschlossener Häuserfronten im Stadtkern, in Form von Gewerbebauten in innerstädtischen, vorstädtischen oder suburbanen Industrie- und Gewerbegebieten usw. Insbesondere die Ausbildung des Straßennetzes (schachbrettförmig, radial von einem Platz ausstrahlend, auf eine Hauptdurchgangsstraße oder einen Marktplatz bezogen usw.) ist häufig charakteristisch für bestimmte Epochen (z.B. mittelalterliche Stadtgründung, Barockstadt, gründerzeitliche Stadterweiterung, Siedlungsentwicklung der Zeit nach dem Zweiten Weltkrieg) und korrespondiert mit zeittypischen gesellschaftlichen, wirtschaftlichen und politischen Entwicklungen sowie architektonischen und stadtplanerischen Strömungen. Häufig lässt bereits ein Blick auf den Stadtplan klar erkennen, in welcher Epoche ein bestimmter Stadtteil geplant und gebaut wurde und welches seine wichtigsten Funktionen sind bzw. zum Zeitpunkt der Erbauung waren (vgl. Abb. 3.1).
- **Aufrissgestaltung:** Der Aufriss einer Straße oder eines ganzen Stadtteils wird hauptsächlich durch die **Anzahl der Geschosse** (bei Gewerbebauten oft eher durch die **Gebäudehöhe**), die **Fassadenformen** und die **Dachformen** geprägt. Bezüglich der Geschosszahl und der Fassadengestaltung spielten in historischen Städten früher häufig Gesichtspunkte der Macht- und Prachtentfaltung eine große Rolle. Im Zentrum, der heutigen Altstadt, befanden sich die repräsentativen Gebäude der politisch und wirtschaftlich herrschenden Schichten (Rathäuser, Adelspaläste, Handelshäuser u.a.) und große Kirchenbauten, während sich die Höhenentwicklung nach außen hin verringerte und am Stadtrand meist eingeschossige Häuser von Kleinbürgern, Handwerkern und Ackerbürgern dominierten. Erste Veränderungen brachte die Zeit der Industrialisierung, als nach dem Abbruch der Stadtmauern am damaligen Stadtrand häufig voluminöse Industrie- und Gewerbebauten mit meist mehrgeschossigen Arbeiterwohnhäusern in unmittelbarer Nachbarschaft errichtet wurden. In der Gegenwart ist in Deutschland die **Höhenentwicklung** in einem Stadtteil zwar **durch Bebauungspläne festgelegt**, aber sie ist in der Regel ein **Spiegelbild des Bodenwertes**. Hohe Bodenpreise an besonders attraktiven Standorten (vgl. City, Kap. 3.2) führen zum Wunsch nach besonders **intensiver Ausnutzung von Grund und Boden** und damit zum Bau von Hochhäusern. Sie gelten als charakteristisch für größere US-amerikanische und ostasiatische Städte („Wolkenkratzer"); in Deutschland hat Frankfurt/Main die

Städtebauepoche \ Typisierungskriterien	Grundriss	Siedlungsmittelpunkt	Verkehrswege	Wohnungen und Arbeitsstätten	sonstige Bestimmungsmerkmale
Mittelalter 10.–15. Jh.	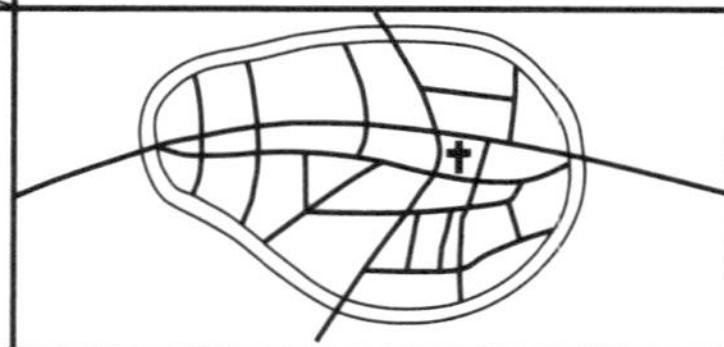	Pfarrkirche, Marktplatz, Rathaus	Handelsstraßen für Fuhrwerke Gassen für Tragtiere oder Karren	Wohnung und Arbeitsplatz unter einem Dach	Mauer und Graben
Absolutismus, Barock 16.–18. Jh.		Schloss (Beispiel Karlsruhe)	Alleen für Karossen	Wohnung und Arbeitsplatz auf einem Grundstück Manufakturen	bastionäres System (Vauban) Schlosspark
Kapitalismus 19. Jh.		Fabrik (Gründerzeit ab 1871)	Eisenbahn (ab 1830)	Fabriken (mit Schornsteinen) und Mietskasernen innerhalb eines Straßenblocks, Villengebiete, Blockbebauung	enge räumliche Verflechtung von Verkehrswegen, Wohnungen und Fabriken Stadt- (Bürger-) park
20. Jahrhundert	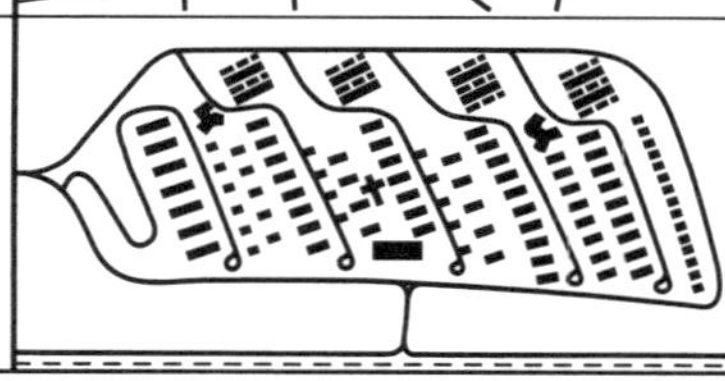	Einkaufszentrum	gestuftes Straßennetz: Wohnstraßen und Schnellstraßen für Kraftfahrzeuge	Wohnungen und Arbeitsstätten räumlich klar getrennt (Pendelverkehr)	Nachbarschaften Grünflächen im Wohngebiet

Abb. 3.1: Beispiele für städtische Grundrissgestaltung (bearbeitet nach KROß 1975).

größte Konzentration von Hochhäusern im Zentrum, während man in vielen anderen deutschen Städten eher versucht, den Bau von Hochhäusern aus stadtgestalterischen Gründen (**Schutz der traditionellen Silhouette**, auch im Interesse des Städtetourismus) durch eine restriktive Bauleitplanung und ablehnende Genehmigungsverfahren zu erschweren oder zu verhindern. Nicht nur der „nostalgische" Wunsch nach Erhaltung der traditionellen Silhouette ist hier ein wichtiges Anliegen, sondern häufig auch das Bestreben, Besuchern im Rahmen des Städtetourismus ein historisches Stadtbild vorzuführen. Denn „tradierte Orts- und Landschaftsbilder spielen ... eine große Rolle" und das „Orts- und Stadtbild gehört zu einem der Erfolgsfaktoren der Tourismusentwicklung und damit zum Grundinstrumentarium der Tourismusplanung". (KLEMM 2004, S. 515).

Fassadengestaltung

Die Gestaltung der Gebäudefassaden wurde hauptsächlich durch zeittypische **architektonische Modeströmungen** beeinflusst, d.h. die Bevorzugung bestimmter Baustile zu bestimmten Zeiten, was zur Ausbildung von charakteristischen Stadtvierteln (z.B. barocke und später neobarocke Fassaden, historisierende Baustile des 19. Jh., Jugendstil-Gebäude, Bauhaus-Architektur) führte. Daneben resultieren **regionale Unterschiede** der Fassadengestaltung häufig aus der **Bevorzugung typischer Baumaterialien** zu gewissen Zeiten in verschiedenen Landschaften, oft beeinflusst durch das Vorhandensein oder Fehlen bestimmter Baustoffe in der betreffenden Region. So ergeben sich Städte und Stadtviertel mit dominierender Fachwerk-, Holz-, Bruchstein- oder Ziegelbauweise, und für die Zeit nach dem 2. Weltkrieg sind vielfach Stahlbetonbauten oder die typischen „Plattenbauten" des ehemaligen „Ostblocks" aus vorgefertigten Betonbauteilen ortsbildprägend für einzelne Stadtviertel.

Historisch gewachsenes Stadtbild

In historisch gewachsenen Großstädten findet sich in der Regel eine **Abfolge von unterschiedlichen Stadtteilen**, für die solche zeitbedingten Veränderungen der Baustile und Baumaterialien charakteristisch sind: beispielsweise landschaftstypische **historische Hausformen des Spätmittelalters** und der frühen Neuzeit im Zentrum, umgeben von Bauten im **klassizistischen oder neobarocken Stil** in den Stadterweiterungen des 19. Jahrhunderts und von Vororten des Industriezeitalters mit entsprechenden Gewerbebauten und Arbeiterwohnhäusern im Stil von „Mietskasernen" aus der Zeit vor dem 1. Weltkrieg. Wiederum nach außen folgen sog. „Kleinsiedlungen" der Zwischenkriegszeit und Blockbauten des „sozialen Wohnungsbaus" aus den Jahren nach dem 2. Weltkrieg, schließlich am Stadtrand umgeben von Reihenhaus- und Einfamilienhaussiedlungen, mit denen die Stadt seit den 1960er Jahren im Zuge der Suburbanisierung in das Umland hinaus wächst (vgl. 2.4.1).

- **Historische Raumstrukturen und Sichtbeziehungen**: Hierbei geht es um Grundriss- und Gebäudestrukturen, die sich vielfach in verschiedenen Epochen und in unterschiedlichen Landschaften in ganz charakteristischer Weise ausgebildet haben. Der Denkmalschutz spricht von **„Ensembles"**, die in ihrer zeittypischen Erscheinung zu erhalten sind. Dies reicht von **historischen Platzgestaltungen** – wie z.B. den rechteckigen, „Ring" genannten Plätzen in den Zentren der Städte der deutschen Ostkolonisation oder den Straßenmärkten süddeutscher Land- und Ackerbürgerstädte – bis hin zu bewusst **geplanten Sichtbeziehungen** durch Hauptstraßenzüge **auf repräsentative Gebäude**. Dome, Schlösser, Rathäuser u.Ä. wurden in der Vergangenheit häufig so situiert, dass sie am Ende unverbaubarer Sichtachsen schon vom Stadtrand an den Blick des Näherkommenden auf sich zogen bzw. von Weitem die Stadtsilhouette prägten. Wie bereits oben angedeutet, spielen insbesondere in Städten, die wegen ihres historischen Gebäudebestands für Touristen attraktiv sind, derartige Gestaltungselemente eine große Rolle, so dass Neubauten sehr behutsam geplant werden müssen. Aber auch völlig abgesehen von denkmalschützerischen Überlegungen ergeben sich aus der Kombination spezifischer Grundriss- und Aufrisselemente häufig **Stadtviertel mit individuellen Erscheinungsformen**, die nicht selten auch für die Wohnbevölkerung eine identitätsstiftende Bedeutung aufweisen, „Heimatgefühle" und „Lokalbewusstsein" entstehen lassen und somit **ganz wesentlich zur Wohnqualität beitragen**.

- **Kulturhistorische, stadtentwicklungsgeschichtliche und bauepochale Phänomene**: Aus der Summe der angeführten Gestaltelemente und der historischen Entwicklung während verschiedener Kultur- und Städtebauepochen – auch unter Berücksichtigung der jeweiligen allgemein-politischen, wirtschaftlichen und gesellschaftlichen Rahmenbedingungen – können Stadttypen bzw. **Stadtteil- oder Stadtviertelstypen** gebildet werden. Sie besitzen häufig eine starke strukturelle Persistenz und lassen oft noch nach Jahrhunderten ihre Morphogenese einschließlich der diese formenden Akteure und Kräfte erkennen.

3.1.2 Funktionale Gliederung

Räumliche Einheiten einer Stadt

Unter der funktionalen Gliederung einer Stadt versteht man ihre **Differenzierung nach Teilräumen**, die sich bezüglich ausschließlicher oder zumindest vorherrschender Funktionen bzw. Raumnutzungen unterscheiden. Räumliche Einheiten für entsprechende Analysen können **administrative Stadtbezirke**, aber auch **historisch-genetisch zu definierende Stadtteile** bzw. -viertel oder kleinere Einheiten wie **Baublöcke oder Zählbezirke** von Volkszählungen sein. Wenn eine konkrete funktionale Gliederung einer Stadt mit Hilfe quantitativer Angaben (z.B. Bevölkerungsdaten) vorgenommen werden soll, kommen als Bezugsräume nur amtlich abgegrenzte Einheiten in Frage, für die derartige Statistiken vorliegen. Grundsätzlich kann entweder **kleinräumlich** auf der Basis **vorherrschender Gebäudenutzungen** vorgegangen werden (z.B. Wohngebäude unterschiedlicher Art, Büro- und Gewerbegebäude, Industriegebäude, landwirtschaftliche Betriebs- und Wohngebäude) oder auf der Basis der **überwiegenden Flächennutzung** (z.B. Industrie- und Gewerbefläche, Einfamilienhausgebiet, Sport- und Erholungsfläche).

Funktionszuschreibung über Akteure

Neben derartigen Gliederungen, die auf die Gebäude- bzw. Flächennutzung Bezug nehmen, werden häufig auch Versuche unternommen, die Funktionen von Stadtteilen anhand der dort wohnenden, arbeitenden, sich versorgenden oder ihre Freizeit verbringenden Einwohner festzustellen. So unterscheidet man generell **Räume mit Wohnfunktion** von solchen mit vorherrschender oder ausschließlicher **Arbeitsfunktion** (z.B. im tertiären Sektor der Wirtschaft, wie in Banken- oder Verwaltungsvierteln, oder im sekundären Sektor, wie in Industriegebieten), mit **Versorgungsfunktion** (Einkaufszentren, City-Gebiete), mit **agrarischer Funktion** (landwirtschaftliche oder gartenbauliche Nutzung in eingemeindeten Vororten), mit **Freizeit- und Erholungsfunktion** (Spiel- und Sportgelände, Stadtparks), mit **kultureller Funktion** (Schulen und andere Bildungseinrichtungen, Theater, Museen) oder mit **touristischer Funktion** (Standorte der Hotellerie und Gastronomie, Attraktionen und Besichtigungsobjekte für Touristen).

Empirische Untersuchungen

Bei empirischen Untersuchungen zur funktionalen Stadtgliederung werden in der Regel sowohl die **Flächennutzungen** als auch die **Akteure** (Wohn- und Arbeitsbevölkerung, Erholungssuchende, Einkaufende usw.) bezüglich ihres räumlichen Verhaltens herangezogen. Volks-, Wohnungs-, Berufs-, Arbeitsstätten- und Verkehrszählungen, Passantenzählungen und -befragungen, Beobachtungen von Freizeitverhaltensweisen u. Ä. sind **Instrumente**, um Funktionalräume innerhalb einer Stadt zu identifizieren und gegeneinander abzugrenzen. Hierbei ist natürlich zu berücksichtigen, dass neben **monofunktionalen Stadtteilen** häufiger **multifunktionale Viertel mit Vernetzungen** und Vergesellschaftungen verschiedener Funktionen existieren. Neben reinen Industriegebieten bestehen Wohnviertel mit Gewerbebetrieben in Gemengelage, z. B. in gründerzeitlichen Stadterweiterungen des späten 19. Jahrhunderts. Erholungsgebiete, aber auch Einkaufszentren oder soziale Einrichtungen sind häufig in Wohngebiete integriert. Die Cities als höchstrangige Versorgungszentren von Städten (vgl. Kap. 3.2) sind vielerorts im Zuge von „gentrification"-Prozessen wieder zunehmend als Wohnstandorte gefragt. Diese Beispiele zeigen, dass es bei funktionalen Stadtgliederungen in aller Regel eher um **vorherrschende**, nur selten um ausschließliche **Funktionen** geht.

Indikator Baunutzungsverordnung

In Deutschland bildet die im Baugesetzbuch geregelte **Bauleitplanung** und die darauf fußende Gliederung der Städte nach Art und Maß der baulichen Nutzung, wie sie in den Flächennutzungsplänen und Bebauungsplänen nach Maßgabe der Baunutzungsverordnung vorgenommen wird, eine häufig auch in der Stadtgeographie verwendete **erste Orientierung über funktionale Stadtteile** (vgl. BauGB und BauNVO, zitiert nach Runkel 2007; vgl. Abb. 3.2). Die hier ausgewiesenen Bauflächen und Baugebiete zeigen nicht nur die Festlegungen der Stadtplanung für künftige Bautätigkeit, sondern geben in der Regel den Bestand wieder, an dem sich die weitere bauliche Entwicklung zu orientieren hat.

Wohnfunktion

Bezüglich der Wohnfunktion wird unterschieden zwischen

- **„reinem Wohngebiet"**, in dem neben Wohnhäusern nur wenige, nicht störende Läden, Handwerksbetriebe und sonstige Dienstleistungseinrichtungen zugelassen sind, die ausschließlich den Bedürfnissen der Wohnbevölkerung dienen (z. B. Kirchen, Kindergärten, Grundschulen, kleine Hotels, Ärzte u. Ä.),
- **„allgemeinem Wohngebiet"**, das nur „vorwiegend", nicht ausschließlich der Wohnfunktion dient und in dem auch nicht störende Gewerbebetriebe, größere Hotels und Gaststätten, Sportanlagen, Tankstellen u. Ä. zugelassen sind,
- **„besonderem Wohngebiet"**, in dem eine stärkere Durchmischung mit gewerblichen Funktionen erlaubt ist, und

- **„Kleinsiedlungsgebiet“**, bei dem es sich vor allem um Wohngebiet mit gewisser landwirtschaftlicher Nutzung handelt (z. B. landwirtschaftliche Nebenerwerbssiedlung aus der Zeit vor dem Zweiten Weltkrieg).

Gewerbliche Nutzung

Bei gewerblicher Flächennutzung unterscheidet die Baunutzungsverordnung zwischen

- **„Gewerbegebiet“**, das „vorwiegend der Unterbringung von nicht erheblich belästigenden Gewerbebetrieben“ dient und in dem Wohnungen in der Regel nur für Betriebspersonal zugelassen sind und
- **„Industriegebiet“**, das „ausschließlich der Unterbringung von Gewerbebetrieben“ dient „und zwar vorwiegend solcher Betriebe, die in anderen Baugebieten unzulässig sind“, also störender und belästigender Betriebe.

Gemischte Bauflächen

Bei „gemischten Bauflächen“ werden drei Kategorien unterschieden:

- **„Mischgebiete“** liegen vor allem in Randlagen der Innenstädte, wo sich in den Stadterweiterungsphasen des 19. und 20. Jahrhunderts Quartiere entwickelt haben, in denen Wohnfunktionen, produzierendes Gewerbe und vielfältige Dienstleistungen vermischt auftreten. Seit dem Zweiten Weltkrieg kommt es in innerstädtischen Mischgebieten häufig zu Entmischungstendenzen, z. B. durch Ausdehnung der City bei gleichzeitiger Verdrängung der Wohnbevölkerung oder durch Abwanderung von Industrie- und Handwerksbetrieben – meist aus Gründen einer beabsichtigten Betriebserweiterung – in neue Standorte am Stadtrand oder im suburbanen Raum (vgl. 2.4.1.2).
- **„Kerngebiete“** sind die Stadtviertel mit typischen Innenstadt- bzw. City-Funktionen. Sie „dienen vorwiegend der Unterbringung von Handelsbetrieben sowie der zentralen Einrichtungen der Wirtschaft, der Verwaltung und der Kultur“. Die Wohnfunktion ist hier, schon aufgrund der Höhe der Mietpreise, meist die Ausnahme; sie ist überwiegend auf die oberen Stockwerke der Gebäude und auf Wohnungen für Betriebsinhaber und hier Beschäftigte begrenzt.
- **„Dorfgebiete“** befinden sich in eingemeindeten Vororten der Städte, in denen als Relikte der ehemals agrarisch geprägten Siedlungsstruktur noch Land- und Forstwirtschafts- sowie auch Gartenbaubetriebe mit entsprechenden Wohn- und Betriebsgebäuden vorhanden sind. Andere Raumnutzungen wie Wohnungen und nicht stark störende Gewerbebetriebe, Freizeiteinrichtungen usw. sind erlaubt, haben aber immer auf die Landwirtschaft Rücksicht zu nehmen, die hier Priorität genießt.
- **„Sondergebiete“** nach der Baunutzungsverordnung umfassen Flächen für eine Vielzahl von Funktionen. Eher in ländlichen Räumen, höchstens am Rande von Städten, befinden sich die in diese Kategorie gehörigen Wochenendhaus-, Ferienhaus- und Campingplatzgebiete. Innerhalb von Städten sind „Sondergebiete“ ausgewiesen beispielsweise für großflächigen Einzelhandel, für Messen und Ausstellungen, für Kliniken und Hochschulen sowie für Freizeit und Tourismus (großflächige Hotellerie, Gastronomie, Parks und Kurgelände, Schwimmbäder und Stadien u. a.).

Funktionalismus im Städtebau

Die hier am Beispiel der Bundesrepublik Deutschland skizzierte funktionale Gliederung einer Stadt anhand von baugesetzlichen Vorschriften basiert stark auf der Idee vom Funktionalismus im Städtebau, wie er durch die **„Charta von Athen“ als Leitbild** verkündet wurde. Es handelt sich hierbei um ein Manifest, das **1933** auf dem 4. Internationalen Kongress für Neues Bauen

Bauflächen	**Baugebiete**
Wohnbauflächen (W)	Kleinsiedlungsgebiete (WS) Reine Wohngebiete (WR) Allgemeine Wohngebiete (WA) Besondere Wohngebiete (WB)
Gemischte Bauflächen (M)	Dorfgebiete (MD) Mischgebiete (MI) Kerngebiete (MK)
Gewerbliche Bauflächen (G)	Gewerbegebiete (GE) Industriegebiete (GI)
Sonderbauflächen (S)	Sondergebiete (SO)

Abb. 3.2: Gliederung der für eine Bebauung vorgesehenen Flächen einer Stadt (laut Flächennutzungsplan; nach § 1 der Baunutzungsverordnung vom 23. 1. 1990).

auf einem Schiff in der Nähe von Athen verkündet wurde und „einen **am Gemeinwohl orientierten Städtebau**" verlangt (Breitling 1970, S. 398). Die von Le Corbusier überarbeitete und publizierte Resolution erwies sich als sehr einfluss- und folgenreich für den europäischen Städtebau. Eine wesentliche Forderung war die nach Überwindung der „chaotischen Entwicklung" der Städte des 19. Jahrhunderts und nach Planung einer „funktionellen Stadt" mit **räumlicher Trennung der vier „Schlüsselfunktionen"** („Wohnung – Arbeit – Erholung – Verkehr"). Im Interesse eines optimalen Funktionierens der Stadt und zur Vermeidung gegenseitiger Störungen – etwa des Wohnens durch Gewerbelärm – sollten im Sinne einer funktionalen Stadtgliederung getrennte Funktionsbereiche geschaffen werden, die durch ein „einprägsames Netz großer Verkehrsadern" zu verbinden sind (Breitling 1970, S. 400f.).

Nachteile räumlicher Funktionstrennung

Vor allem in der **Wiederaufbauphase nach dem Zweiten Weltkrieg** wurde in Deutschland, aber auch in anderen europäischen Ländern in vielfach übertriebener Weise nach diesen Forderungen geplant und gebaut. So errichtete man reine Wohngebiete, reine Industrie- und Gewerbegebiete, Versorgungsgebiete in Form von City-Bereichen ohne Wohnbevölkerung, Freizeit-, Erholungs- und Sportgebiete in möglichst weitgehender räumlicher Trennung. In den letzten Jahrzehnten erkannte die Stadtforschung zunehmend, dass dem **Vorteil eines guten „Funktionierens"** der verschiedenen Funktionsbereiche (z. B. Wohnen ohne Belästigung durch Gewerbeemissionen oder Störungen durch Freizeiteinrichtungen) **gravierende Nachteile** gegenüberstehen: lange Wege und entsprechend großes tägliches Verkehrsaufkommen zwischen Wohn-, Arbeits- und Versorgungsstandorten, Fehlen ausreichender wohnungsnaher Erholungseinrichtungen, Veröden der menschenleeren Innenstädte nach Ladenschluss bzw. Betriebsschluss der dort ansässigen Dienstleistungsbetriebe, hoher Kostenaufwand für Errichtung und Betrieb einer räumlich und zeitlich sehr ungleichmäßig ausgelasteten Versorgungs- und Verkehrsinfrastruktur usw.

Vorteile von Funktionsmischung

Die Diskussion über Funktionstrennung oder Funktionsverflechtung und -mischung innerhalb einer Stadt wird seit den 1970er Jahren intensiv geführt (vgl. SPENGELIN 1983, S. 366 ff.). Die Stadtplanung tendiert **seit dem Ende des 20. Jahrhunderts** sehr stark in Richtung auf **gemäßigte Mischung der Funktionen**, d. h. auf die Abkehr von einer streng funktionalen innerstädtischen Gliederung. Durch Integration von Erholungsfunktionen in Wohngebiete, Schaffung von wohnungsnahen Einkaufsmöglichkeiten, Planung kleinerer Gewerbegebiete in der Nachbarschaft von Wohnvierteln usw. können Pendlerwege verkürzt und allgemein **Verkehrsbewegungen reduziert** und **Kosten gespart** werden. Zudem wird in der Fachliteratur davon gesprochen, dass „städtisches Leben" und „Urbanität" sich nur bei einer gewissen Funktionsmischung entwickle und strikte funktionale Trennung ein **lebendiges Gemeinschaftsleben** der Stadtbewohner verhindere, zumindest erschwere. In der Stadtgeographie spielt die funktionale Gliederung – neben der morphogenetischen und der sozialräumlichen – eine wichtige Rolle bei der Analyse von Stadtstrukturtypen (vgl. 3.5.2) und der Entwicklung von Stadtstrukturmodellen (vgl. 3.5.1).

3.1.3 Sozialgeographische Gliederung

Definition Sozialgeographie

Im allgemeinsten Sinne ist die Sozialgeographie derjenige Forschungsaspekt der Human- bzw. Anthropogeographie, der sich mit den **Zusammenhängen zwischen menschlichen Gruppen** und/oder Gesellschaften **und dem Raum** befasst, in dem diese Gesellschaften leben und den sie prägen. Sie versteht sich als übergreifendes Forschungskonzept im Rahmen anthropogeographischer Forschung, indem sie versucht, räumliche Strukturen und raumbildende und -verändernde Prozesse in der Kulturlandschaft zu analysieren und durch das raumwirksame Agieren menschlicher Gruppen und Gesellschaften zu erklären (vgl. MAIER et al. 1977, S. 21 ff.). Neben **Agrarräumen** waren vor allem die **Städte** von Anfang an ein häufiges Objekt sozialgeographischer Forschung. So verweist bereits einer der Begründer einer eigenständigen Sozialgeographie, HANS BOBEK (1938), in seinem wegweisenden Aufsatz über „einige funktionelle Stadttypen und ihre Beziehungen zum Land" auf die Notwendigkeit, bei der Analyse der Funktionen von Städten die dort wohnenden und wirtschaftenden sozialen Gruppen zu berücksichtigen.

Forschungsansätze

Nach dem Zweiten Weltkrieg setzte sich rasch die Erkenntnis durch, dass auch bei anderen stadtgeographischen Themenstellungen sozialgeographische Forschungsansätze nicht vernachlässigt werden dürfen. Während sich beispielsweise bis in die **1950er Jahre** Stadtgliederungen weitestgehend auf **historisch-genetische und funktionelle Kriterien** stützten, gehört seitdem die **Berücksichtigung der verschiedenen sozialen Gruppen** und Schichten **und ihrer Wohnplätze** innerhalb einer Stadt zu den wichtigsten Grundlagen einer innerstädtischen Gliederung. Ein wichtiger Grund hierfür ist nicht zuletzt die sehr starke Zunahme der Komplexität der Bevölkerungsdifferenzierung in den Städten des westeuropäisch-nordamerikanischen Kulturkreises. Insbesondere bei anwendungsbezogenen Gliederungen, etwa für Zwecke der Stadtplanung, der Altstadtsanierung u. Ä., ist die Berücksichtigung sozialgeographischer Gliederungskriterien heute eine absolute Notwendigkeit, um die **Komplexität der Bevölkerungsstrukturen zu erfassen** und angemessen in den Planungsprozess einfließen lassen zu können.

Gliederungsformen

Man spricht heute im oben genannten Zusammenhang in der Regel von **sozialräumlichen Gliederungen** (3.1.3.1). Die **ethnische Gliederung** stellt eine wichtige Sonderform vor allem in solchen größeren Städten dar, die eine stärkere Zuwanderung aus dem Ausland von anderen als den einheimischen Bevölkerungsgruppen verzeichneten oder die sich von vornherein aus Immigranten unterschiedlicher Ethnien entwickelten, wie z. B. Kolonialstädte (3.1.3.2). Einen räumlichen Niederschlag findet die sozialräumliche, ebenso wie die **funktionale Gliederung** (3.1.2), in starkem Maße im innerstädtischen Bodenpreisgefüge und seinen Veränderungen (3.1.4).

3.1.3.1 Sozialräumliche Gliederung

Soziale Gruppen/ Schichten

Unter der sozialräumlichen Gliederung einer Stadt versteht man ihre **Unterteilung in räumliche Einheiten unterschiedlicher Größenordnung** (vom Baublock und von der Straßenseite bis zum Stadtviertel oder zum historisch-genetisch definierten Stadtteil) **entsprechend der Differenzierung der Wohnbevölkerung nach sozialen Merkmalen**. Solche Merkmale können soziale Gruppen (z. B. Berufs-, Einkommens-, Alters- oder Statusgruppen) oder Schichten sein (z. B. soziale Grund-, Mittel- und Oberschicht), die in der Bevölkerung vorherrschen und für die Struktur und Entwicklung eines Stadtviertels prägend sind. Am häufigsten werden für entsprechende Gliederungen solche Merkmale verwendet, die für bestimmte Bevölkerungsstrukturen konstituierend sind. In der Bevölkerungsgeographie wird hier z. B. zwischen Berufs-, Einkommens-, Bildungs-, Haushalts-, Alters-, Religions- oder Konfessions- und ethnischen Strukturen der Bevölkerung unterschieden (vgl. Kuls/Kemper 2000, S. 63 ff.; Bähr 2004, S. 90 ff.).

Viertelbildung

Das Vorherrschen bzw. überdurchschnittlich starke Vorkommen einer bestimmten **Ausprägung der Bevölkerungsstruktur** in räumlich benachbarten Teilen der Stadt dient sodann zur Ausweisung entsprechender **Viertelsgliederungen**. Die Tatsache derartiger sozialräumlicher Gliederungen wird auch von der Stadtbevölkerung wahrgenommen, und selbst in der Alltagssprache gibt es Begriffe wie „Arbeiterviertel“, „Glasscherbenviertel“, „Beamtenviertel“, „Millionärssiedlung“, „Türkenviertel“ oder „Chinatown“. Wo sozialräumliche Gliederungen auf **Einkommensunterschieden** oder **sozialen Rangordnungen** basieren, bestehen in der Regel enge Korrelationen zwischen diesen **sozialräumlichen** und den **morphologischen** bzw. **funktionalen Gliederungen** einer Stadt. Am deutlichsten ist dies in Großstädten der Entwicklungsländer sichtbar, wo regelmäßig Viertel der sozialen Unterschicht identisch sind mit baulich bzw. infrastrukturell definierten Hüttenvierteln („shanty towns“, „barriadas“ in Lateinamerika, „favelas“ in Brasilien, „bidonvilles“ im frankophonen Bereich; vgl. Hofmeister 1999, S. 179 ff.). In Städten Westeuropas korrelieren Viertel der Oberschicht und gehobenen Mittelschicht in der Regel mit Villen- oder Einfamilienhausvierteln am Stadtrand und im suburbanen Bereich. Bei anderen sozialräumlichen Vierteln, etwa aufgrund einer Konfessions- oder Altersstrukturgliederung der Bevölkerung, ist dieser Zusammenhang weniger deutlich.

Segregation

In der sozialgeographischen und soziologischen Stadtforschung wird für die Tatsache der **räumlichen Differenzierung der Bevölkerung in einer Stadt** der Begriff der Segregation verwendet, definiert als räumliche Trennung und Abgrenzung von sozialen Gruppen gegeneinander. Die Bezeichnung wird sowohl für den **Prozess** als auch für den dadurch hervorgerufenen **Zustand** benutzt. Segregation kann **freiwillig** oder vom Staat oder durch die Gesellschaft **erzwungen** sein, wobei die Ursachen in der Regel nicht eindeutig zuzuordnen und eher vielschichtig sind.

Ursache Gruppenbildung

Eine große Rolle spielen nach Köck (1992b, S. 33f.) die **sozialstrukturelle Ungleichheit der Gesellschaft** und die **unterschiedliche Orientierung** ihrer Mitglieder an **gruppenspezifischen Normen und Werten**. Die Menschen tendieren dazu, einerseits die Nähe von sozial Gleichgestellten oder Gleichgesinnten zu suchen, andererseits sich gegen andere Gruppen abzugrenzen, vor allem gegen solche, die für statusmäßig niedriger gehalten werden. Beim Vorhandensein eines freien Wohnungsmarktes führt die **Suche nach der Nähe von Menschen mit ähnlicher sozialer Stellung**, ähnlichem Berufsspektrum und Einkommensniveau, ähnlicher Lebensweise und Geisteshaltung regelmäßig zur Ausbildung sozialräumlicher Stadtviertel. In Städten mit einer größeren Anzahl von Zuwanderern unterschiedlicher volkstumsmäßiger, ethnischer und sozialer Herkunft ist häufig eine Segregation in der Weise zu beobachten, dass die einzelnen Zuwanderergruppen die Nähe von ihresgleichen suchen, z.B. zur gegenseitigen Hilfe bei Berufs- und Alltagsproblemen, zur gemeinsamen Pflege von Volkstum und Sprache, zum gemeinsamen Gottesdienst u.Ä. (vgl. auch 3.1.3.2).

Ursache Immobilienmarkt

Eine wichtige Bedeutung haben bei Segregationsvorgängen, vor allem solchen, die auf **Einkommensunterschieden** beruhen, der Boden- bzw. Immobilienmarkt (vgl. 3.1.4) und die dadurch gegebenen Möglichkeiten der **Erfüllung individueller Wohnwünsche**. Das Angebot an beliebten und stark nachgefragten Wohnlagen – z.B. in landschaftlich attraktiver ruhiger oder aber in verkehrsgünstiger Lage – sowie an entsprechenden Wohnungs- bzw. Gebäudetypen – z.B. Villen mit großen Gartengrundstücken in suburbaner Lage oder andererseits komfortable Stadtwohnungen in zentrumsnaher Lage – ist in der Regel knapper als die Nachfrage, so dass das Preisniveau hoch liegt. Es ergibt sich somit eine klare **Sortierung der Käufer** oder Mieter von Immobilien **nach der finanziellen Leistungsfähigkeit**. Finanziell schlechter gestellte Bevölkerungsgruppen konzentrieren sich in unattraktiven und daher preisgünstigeren Wohnlagen, z.B. in sanierungsbedürftigem Altbaubestand am Altstadtrand. Dort bilden sich dann z.B. Konzentrationen gering verdienender ausländischer Zuwanderer (vgl. 3.1.3.2).

Verstärkungsfaktor Bebauungsplan

Verstärkt wird die Tendenz zur Segregation dadurch, dass **Immobilien ähnlicher Ausstattung oder Preislage** in aller Regel **räumlich benachbart** liegen. Es korrelieren also, wie oben erwähnt, in hohem Maße **morphologische mit sozialräumlichen Gliederungen** einer Stadt. In Deutschland und anderen Ländern hängt dies eng mit der **Baugesetzgebung** zusammen (vgl. 3.1.1, 3.1.2). Durch die häufig sehr detaillierten Vorschriften in Bebauungsplänen bezüglich der Baulinie, der Geschoss- und der Geschossflächenzahl, der Gestalt und Größe der Gebäude, der Situierung der Häuser innerhalb der Grundstücke, der Gestaltung der zugehörigen Freiflächen usw. ist bereits **seitens der Kommune** indirekt, aber sehr wirksam eine **Vorentschei-**

dung getroffen, welche Personengruppen als Käufer oder Mieter der entsprechenden Gebäude in Frage kommen. Durch die Ausweisung von Bauland als „reines Wohngebiet" im Flächennutzungsplan und die Festsetzung niedriger Geschossflächenzahlen und großer Freiflächen im Bebauungsplan wird ein Wohngebiet mit villenartigen Einfamilienhäusern für Angehörige der sozialen Oberschicht geschaffen. Umgekehrt lässt sozialer Wohnungsbau mit mehrgeschossigen Mietshäusern qualitativ geringerer Ausstattung, sozialräumlich gesehen, Viertel sozialer Grundschicht entstehen. Am Beispiel von Wien zeigt LICHTENBERGER (1972) in idealtypischer Weise die Anordnung von Vierteln der sozialen Grund-, Mittel- und Oberschicht, wie sie modellhaft in europäischen Großstädten zu finden sind (vgl. Abb. 3.3).

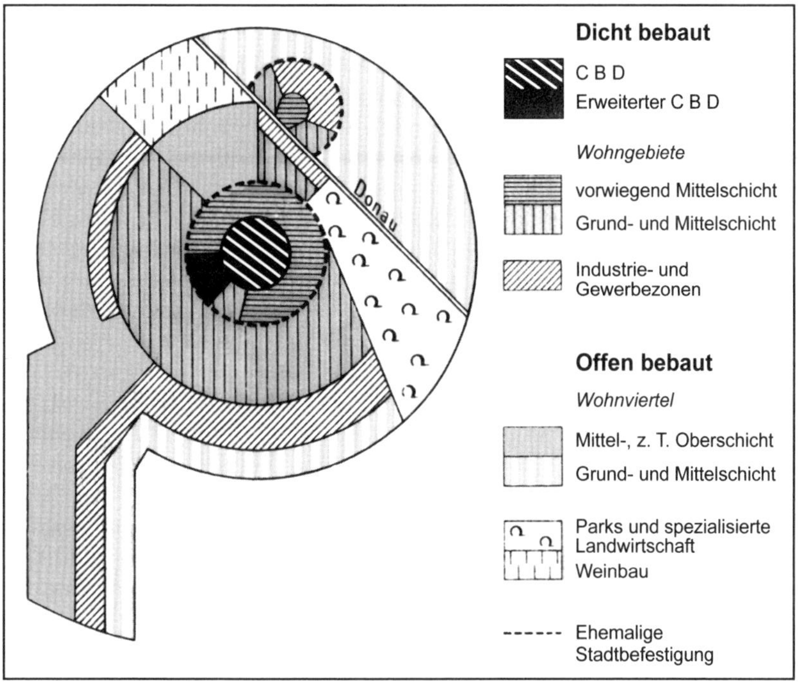

Abb. 3.3: Wien als Beispiel für das Modell einer europäischen Großstadt (bearbeitet nach HOFMEISTER 1991 auf der Basis von LICHTENBERGER).

Gated communities

Eine extreme Form der Segregation stellen **abgeschlossene**, meist von Mauern und Zäunen umgebene und **durch Wachpersonal gegen unbefugten Zugang gesicherte Wohnanlagen** dar, die man nach US-amerikanischem Vorbild als „gated communities" bezeichnet. Sie werden „als private bauliche und infrastrukturelle Inseln" (BÄHR/JÜRGENS 2005, S. 156) von wohlhabenden oder privilegierten Bevölkerungsgruppen bewohnt, die sich aus **Furcht vor Verbrechen**, aber auch aus dem **Wunsch nach Absonderung** gegenüber anderen Sozialgruppen freiwillig isolieren. Gated communities bestanden in den ehemals sozialistischen Staaten des östlichen Europas als abgeschlossene Wohnsiedlungen der Parteieliten. Heute existieren sie in verschiedenen Ausprägungen vor allem in den USA als Viertel besonders wohlhabender Angehöriger der **sozialen Oberschicht**, zunehmend aber auch **begüterter Mittelschichten**. Ende der 1990er Jahre bestanden in den USA mehr als 20.000 gated communities mit über 9 Mio. Einwohnern, die teilweise auch als **eigene politische Gemeinden** organisiert waren (Bähr/Jürgens 2005, S. 167). Hier steht also, neben dem Sicherheitsgedanken, auch das Bestreben im Hintergrund, sich mit den eigenen Steuerzahlungen eine **qualitativ hochwertige Infrastruktur** zu schaffen (z. B. gute Schulen), die man nicht mit den Bewohnern ärmerer Stadtviertel teilen muss.

Gated communities in Entwicklungsländern

Auch in vielen Entwicklungsländern sind es die Geld- und Machteliten, zunehmend aber auch begüterte Mittelschichtangehörige, die sich in eigenen abgeschlossenen Wohnvierteln niederlassen. Diese sind durch private Sicherheitsdienste streng bewacht, und ihr Zugang wird kontrolliert. Typisch ist auch hier die privat finanzierte Infrastruktur, die sich qualitativ an europäischen Standards messen lässt. Bähr und Jürgens (2005, S. 275, 278, 290), Coy und Pöhler (2002) sowie Kanitscheider (2002) beschreiben Beispiele derartiger „gated communities" in Afrika, „barrios cerrados" in Mexiko bzw. „condomínos fechados" in Brasilien. Es entstehen auf diese Weise zunehmend **sozialräumlich „fragmentierte Städte"**. Je weniger die Regierungen bzw. die Stadtverwaltungen willens oder imstande sind, für alle Bürger ein befriedigendes Angebot kommunaler Infrastruktur bereitzustellen und das Verbrechen einzudämmen (Raubüberfälle, Wohnungseinbrüche, Diebstähle), desto stärker ist das Bestreben der sozialen Mittel- und Oberschicht, sich auf **Selbsthilfe** zu verlassen und sich **mit privaten Mitteln den gewünschten Lebensstandard** in einem einigermaßen sicheren Wohnumfeld zu schaffen.

Geplante vs. nachträgliche Abschottung

Im Gegensatz zu solchen gated communities, die von vornherein als abgeschottete Wohnbezirke geplant und gebaut werden, stehen die **„Wohnenklaven"**, wie sie Plöger (2006) am Beispiel von Lima (Peru) analysiert. Wegen der „**Ineffizienz der staatlichen Leistungsversorgung** im Bereich der öffentlichen Sicherheit" versuchen die Bewohner durch **nachträgliche „Aneignung, Kontrolle und Abschottung von Wohngebieten"**, sich vom städtischen Gesamtraum abzugrenzen, der als zunehmend unsicher und gefährlich wahrgenommen wird. Durch Mauern und Zäune mit bewachten Toren schaffen sich die Bewohner aus den oberen und mittleren Sozialschichten ihren eigenen sicheren Lebensraum in Wohnenklaven (Plöger 2006, S. 3 ff.). Borsdorf (2002) wies darauf hin, dass die Tendenz zur Abschottung des privaten Raumes in Form der Patio-Häuser durchaus eine **lange Tradition in Lateinamerika** hat (vgl. 3.5.2.3).

Gated communities als Zweitwohnsitze

Private Ferienhaussiedlungen und **Eigentumswohnanlagen** für die Nutzung als Zweitwohnsitz werden ebenfalls häufig in Form von gated communities errichtet. Verbreitet sind diese in den **USA** (z. B. an den Küsten Floridas und Kaliforniens), aber auch in **europäischen Ländern**, wie die sog. „Urbanisationen" an der spanischen Mittelmeerküste und auf den als Standorte für Freizeitwohnsitze beliebten Inseln (Balearen, Kanarische Inseln) und die „Kondominien" in den bevorzugten Urlaubsreisezielen Italiens (z. B. Adria, Riviera, Gardasee). Auch hier ist der Zugang bewacht, und nur die Bewohner und ihre Gäste haben Einfahrts- und Zutrittsrecht. Teilweise werden hier beachtliche Teile ehemals freier Landschaft privatisiert und dem öffentlichen Zutritt entzogen.

Weitere Segregationsformen

Segregation aufgrund des Berufs, der Bildung, des Einkommens – hier bestehen in der Regel enge Korrelationen – ist zweifellos die häufigste Form sozialräumlicher Differenzierung und Viertelsbildung in einer Stadt (neben der ethnischen Differenzierung, vgl. 3.1.3.2). Daneben spielen auch die **Haushaltssituation**, die **Altersstruktur** und die **Religions- bzw. Konfessionsstruktur** eine gewisse Rolle bei der Entstehung sozialräumlicher Stadtviertel. Für eine Gliederung aufgrund der **Haushaltsgröße und -struktur** lassen sich in vielen Mittel- und Großstädten die gleichen Gesetzmäßigkeiten finden: **Einpersonenhaushalte** („Singles“) konzentrieren sich häufig am City-Rand und in City-nahen Altstadtwohngebieten. Es handelt sich um drei verschiedene Typen von Einpersonenhaushalten: **junge Erwerbstätige**, die einen zentrumsnahen Wohnstandort mit raschem Zugang zu den Einkaufs- und Freizeitmöglichkeiten und kulturellen Attraktionen der Innenstadt bevorzugen; **ausländische Erwerbstätige**, die aus Kostengründen häufig in billigen, weil sanierungsbedürftigen Altbauten im Innenstadtrandbereich wohnen; **ältere alleinstehende**, meist verwitwete Menschen, die oft schon seit Jahrzehnten in Altbauten am City-Rand wohnen und nach dem Auszug der Kinder oder dem Tod des Partners die Wohnung beibehalten haben. **Mehrpersonenhaushalte**, d.h. in der Regel Familien mit Kindern, bilden dagegen häufig Konzentrationen in Mehrfamilien-, Eigentums- oder Mietwohnhäusern im Vorortbereich und im suburbanen Raum sowie generell in Einfamilien- und Reihenhaussiedlungen, die ebenfalls meist am Stadtrand angeordnet sind.

Korrelation Haushalts-/Altersstruktur

Da die Haushaltsstrukturen eng mit den Altersstrukturen korrelieren, lässt sich die oben genannte räumliche Differenzierung häufig auch bezüglich der Altersstruktur der Stadtbewohner belegen. Seit der Arbeit von SCHAFFER (1969) über Ulm-Eselsberg wurden mehrfach **haushalts- und altersstrukturelle Gliederungen von Städten** bzw. die entsprechenden charakteristischen Stadtviertel analysiert; sie zeigten in der Regel die genannten Ergebnisse. SCHAFFER stellte fest, dass die **Mobilität** zu einer ausgesprochenen „Siebungswirkung auf die Alters- und Sozialstruktur“ führe, wobei unter Sozialstruktur hier auch die Haushaltsstruktur verstanden wurde (SCHAFFER 1969, S. 38ff.). Eine besondere Form altersstruktureller Segregation sind die **„Rentnerstädte“** in den USA (vgl. KOCH 1975). Meistens werden bei diesem Modell ganze Wohnsiedlungen in Form von gated communities am Rande von landschaftlich attraktiv gelegenen Städten, z.B. in Florida oder Kalifornien, gebaut. Sie sind von der Infrastruktur her sehr stark **auf die Bedürfnisse von Senioren zugeschnitten** und stehen meist nur Bewohnern ab einem bestimmten Alter (z.B. 55 Jahre) zum Kauf oder zur Einmietung zur Verfügung. Insbesondere das Modell der „Sun Cities“ wurde in den letzten Jahrzehnten in den „Sonnenstaaten“ der USA vielfach realisiert und fand auch Nachahmer in anderen Ländern (vgl. EIZENHÖFER/LINK 2005).

Religions-/Konfessionsstruktur

Für die sozialräumliche Gliederung einer Stadt nach der Religions- oder Konfessionsstruktur gilt in starkem Maße der oben erwähnte **Wunsch nach räumlicher Nähe** aufgrund **gemeinsamer Einstellungen, Sitten und Gebräuche, Rituale** usw. Oft ist der **Standort eines Gotteshauses** (Kirche, Kapelle, Moschee, Synagoge) der Ausgangspunkt für die Entwicklung eines Stadtviertels mit Bewohnern der entsprechenden Glaubensrichtung. Daneben gab und gibt es den Fall, dass Angehörigen eines Minderheitsglaubens, die häufig auch anderen Ethnien angehören, staatlicherseits ein bestimmtes Wohnviertel zugewiesen wird. Das bekannteste Beispiel hierfür sind Judengettos.

Begriff Getto

Getto (Ghetto) war ursprünglich die Bezeichnung für **jüdische Wohnviertel in italienischen Städten der frühen Neuzeit**, die nach außen abgeschlossen waren. Später wurde der Begriff auch für Judenviertel in anderen Ländern sowie allgemein für **Wohnviertel ethnischer, religiöser oder sozioökonomischer Minderheiten** verwendet, die sich freiwillig oder gezwungen von der übrigen Bevölkerung abkapseln, häufig auch von dieser diskriminiert werden. In der Stadtgeographie spricht man heute von Gettobildung oder Gettoisierung meist dann, wenn sich durch die räumliche Konzentration einer benachteiligten und unterprivilegierten Bevölkerungsgruppe ein **Slum** entwickelt. So erwähnt Heineberg (2001, S. 252) die Gettos der schwarzen Bevölkerung in vielen US-amerikanischen Großstädten, die zum erheblichen Teil durch „Slumbildung, d.h. durch **baulichen Verfall und Verwahrlosung** sowie ein hohes Ausmaß an sozialem Verfall, z.B. **Kriminalität**, gekennzeichnet" sind. Im ursprünglichen Sinn als geschlossene Zwangssiedlung der jüdischen Bevölkerung innerhalb europäischer Städte bestanden Gettos seit dem 16. Jahrhundert in vielen italienischen, französischen und osteuropäischen, auch in einigen deutschen Städten. Während der Naziherrschaft richtete die deutsche Besatzung Judengettos in Polen und in den baltischen Staaten ein. In der Gegenwart existieren Gettos im ursprünglichen Sinn noch in einigen **islamischen Ländern**.

Gettoisierung

Hofmeister (1991, S. 22) stellt den Verlauf einer Gettoisierung, wie er sich häufig nachweisen lässt, in folgenden **drei Stufen** dar: Durch **Zuwanderung** und räumliche Entflechtung, vor allem in qualitativ minderwertigen und sanierungsbedürftigen Wohngebieten, werden zunächst einzelne Wohnungen und Gebäude, später ganze Straßenzüge oder **Stadtviertel von einer Minorität** eingenommen. Es entsteht ein zunehmender und meist länger anhaltender **Zustand der Isolierung** dieser Gruppe **aufgrund eigener Abkapselung** – wegen kultureller und sozialer Distanz zur Mehrheitsbevölkerung –, aber auch **wegen gleichzeitiger Diskriminierung** seitens der übrigen Gesellschaft. Schließlich erreicht die Minorität eine **weitgehende Autarkie** durch eigene Versorgungseinrichtungen, etwa im Handel und bei sonstigen Dienstleistungen, aber auch im sozio-kulturellen Bereich.

3.1.3.2 Ethnische Gliederung

Entwicklung ethnischer Stadtviertel

Eine besonders deutliche und im Gefüge der Gesamtstadt raumbedeutsame Form von Segregation ist die ethnische Gliederung, d.h. die **Bildung von Stadtvierteln unterschiedlicher Ethnien**. Die Gleichsetzung von Getto mit ethnischem Stadtviertel ist zwar nicht statthaft – es gibt, wie oben dargelegt wurde, auch Gettos religiöser oder sozio-ökonomischer Minoritäten –, jedoch tendieren ethnische Minderheiten besonders stark zur Gettobildung. Stadtviertel unterschiedlicher Ethnien existieren seit Jahrtausenden, insbesondere in Städten an der Grenze des Siedlungsgebietes mehrerer Völker bzw. in Gebieten der Durchmischung von Ethnien. Im 20. und 21. Jahrhundert ist es zu einem **starken Wachstum der Zahl und Ausdehnung ethnischer Stadtviertel** gekommen, vor allem unter dem Einfluss der **Globalisierung** und der **verstärkten Wanderung von Menschen** aus ärmeren in wohlhabendere und Arbeitsplätze bietende Länder.

Prozesse ethnischer Viertelbildung

Grundsätzlich lassen sich zwei von den Ursachen her sehr unterschiedliche Prozesse unterscheiden, die zur Entstehung ethnisch segregierter Stadtviertel führen: **Eroberung und Kolonisierung** bzw. ähnliche Formen des gewaltsamen Eindringens eines Volkes in das Siedlungsgebiet eines anderen Volkes oder aber **Wanderungen**, häufig arbeitsplatzbedingt und meist auf Veranlassung des aufnehmenden Volkes. Die Spannweite reicht hier von den Zwangswanderungen afrikanischer Sklaven auf den amerikanischen Kontinent bis hin zu den „Gastarbeiterwanderungen" von Arbeitskräften aus den Mittelmeeranrainerländern nach West- und Mitteleuropa in den Jahrzehnten nach dem Zweiten Weltkrieg.

Historische Beispiele

Beispiele für die Entstehung von ethnischen Stadtvierteln aufgrund eines mehr oder weniger feindlichen Eindringens von Angehörigen fremder Völker lassen sich **seit der Antike und dem Mittelalter**, vor allem aber aus der **Zeit der Entdeckungsreisen** und der Eroberung überseeischer Länder und der folgenden **Anlage von Siedlungskolonien** durch die Eroberer finden. Genannt seien hier beispielsweise in der Antike die griechischen und später römischen Kolonien im Mittelmeerraum und in Westeuropa, im Mittelalter die sog. Völkerwanderungen bis hin zur deutschen „Ostkolonisation", in der frühen Neuzeit die Gründung von spanischen Kolonien in Mittel- und Südamerika und später von englischen Kolonien in Nordamerika, im 19. Jahrhundert die Gründung von Kolonien europäischer Kolonialmächte in Afrika, Asien und im Pazifikraum. In allen diesen Fällen waren die Besetzungen und Kolonisierungen der entsprechenden Länder mit dem **Zuzug von Menschen aus den Eroberervölkern** verbunden. Diese vermischten sich in der Regel zunächst nicht mit der einheimischen Bevölkerung – vor allem beim Bestehen größerer kultureller Unterschiede –, sondern siedelten sich in **eigenen Vierteln** schon existierender Städte an bzw. gründeten neue **„Kolonialstädte"**, in denen sie wiederum in eigenen Stadtvierteln, segregiert von der übrigen Bevölkerung, lebten.

Ursachen in den USA

Die Entstehung und Entwicklung ethnischer Stadtviertel in den USA ist seit Langem ein Thema intensiver geographischer Forschung (vgl. LICHTENBERGER 1975 und 1998; B. HAHN 1996; R. HAHN 2002 u.a.). HEINEBERG (2001, S. 252) fasst einige wichtige Ursachen zusammen und nennt als Gründe für die Bildung ethnischer Gettos

- die **Einwanderung unterschiedlicher Nationalitäten** und deren Wohnsegregation während der Zeit der **Industrialisierung** im 19. Jahrhundert;
- die **Wanderung schwarzer Bevölkerungsgruppen** aus dem Süden der USA in die Industriestädte **nach dem Bürgerkrieg** und der Aufhebung der Sklaverei mit der Folge des Entstehens einer Segregation auf ethnischer Grundlage und von „schwarzen" Wohnvierteln;
- das **Eindringen farbiger Bevölkerungsgruppen** in ehemals „weiße" Viertel in den Innenstädten, aus denen dann die Weißen verstärkt ausziehen und „weiße" Gettos – oft in Form von „gated communities" – im suburbanen Raum bilden;
- die **Zuwanderung von Puertorikanern** nach New York und Chicago und von **Mexikanern** in Städte an der Pazifikküste, insbesondere Kaliforniens,

ab etwa 1960 und von **Kubanern**, vor allem nach Miami und in andere Städte Floridas, ab etwa 1970;
- die **Konzentration einkommensschwacher ethnischer Gruppen** in Stadtvierteln mit älterer, sanierungsbedürftiger Bausubstanz, die von der weißen Mittelschicht verlassen worden sind.

Ursachen in Europa

Insgesamt gesehen ist in den USA die Ausbildung von Stadtvierteln auf ethnischer Grundlage wesentlich häufiger, als es das Schlagwort vom „Schmelztiegel" vermuten lässt. In den letzten Jahren haben sich auch in **Westeuropa** vergleichbare Entwicklungen ergeben. Hier verteilten sich die eingewanderten Angehörigen anderer Ethnien in der Regel ebenfalls nicht dispers über die Städte, sondern es bildeten sich in Großstädten Deutschlands, Frankreichs, Großbritanniens, der Benelux-Länder u. a. eigene ethnische Viertel mit **Angehörigen der ehemaligen Kolonien** (z. B. Indien, Pakistan, Indochina, Westindien, Maghreb-Länder) sowie mit Einwohnern der Länder, aus denen seit den 1960er Jahren die damals sog. **„Gastarbeiter"** angeworben worden waren (z. B. „Türkenviertel" in Berlin). Aber auch in Entwicklungsländern existieren häufig schon seit Langem relativ stabile ethnische Stadtviertel, wie es für Westafrika MANSHARD (1992) in seinem Modell der tropisch-afrikanischen Stadt beschreibt (vgl. Abb. 3.4).

Afrikanisches Stadtmodell

Das afrikanische Stadtmodell nach MANSHARD (1992) umfasst **drei historische Phasen** mit jeweils eigenen Prozessen der Stadtviertelsbildung. Bereits in **vorkolonialer Zeit** lebten häufig Angehörige mehrerer Ethnien in einer Stadt: die dominierende ethnische Gruppe im meist ummauerten Stadtkern sowie Zuwanderer anderer Gruppen in eigenen Vierteln am Innenstadtrand. Durch das Eindringen von Europäern wandelten sich viele Städte zu **Kolonialstädten**, indem sich am Rande der Altstadt ein Europäerviertel an die bestehenden Strukturen anlagerte, das sich wiederum in ein Wohn- und ein Verwaltungsviertel untergliedern lässt. Daneben bildeten sich oft weitere fremdethnische Viertel mit libanesischen oder indischen Händlern. Schließlich wandelten sich die Städte in der **nachkolonialen Zeit** unterschiedlich, je nach politischer und wirtschaftlicher Entwicklung der betreffenden Staaten: Auflösung der Europäerviertel durch Emigration oder durch Umwandlung in multi-ethnische Viertel infolge von Zuzug durch die neue schwarze Mittel- und Oberschicht, aber zum Teil auch Entstehen neuer ethnischer Viertel durch Land-Stadt-Wanderung.

Beispiel Südafrika/Namibia

Eine **extrem ausgeprägte ethnische Segregation** in den Städten herrschte in der Republik Südafrika (und im Mandatsgebiet Südwestafrika, dem heutigen Namibia) während der Zeit der sog. Apartheid (Rassentrennung). Mit diesem Namen wurde die – in den Anfängen bis zum Beginn des 20. Jahrhunderts reichende – in den 1950er Jahren **gesetzlich fixierte Politik** der sozialen, wirtschaftlichen, politischen und räumlichen **Trennung der Bevölkerung nach ethnischen Gruppen** (Weiße, Bantu, Inder und sog. Farbige) bezeichnet, die von der regierenden weißen Minderheit bis Anfang der 1990er Jahre durchgesetzt wurde. Neben der „großen Apartheid", d. h. der Konzentration der schwarzen Bevölkerung in „homelands", die teilweise als autonome Gebiete innerhalb der Republik bestanden, gehörte zu dieser Politik der „getrennten Entwicklung" auch die **„kleine Apartheid"** in Form von ethnisch getrennten Wohnvierteln in den Städten. Auf diese Weise errichtete man am Rande kleinerer weißer Städte systematisch „Bantu locations", se-

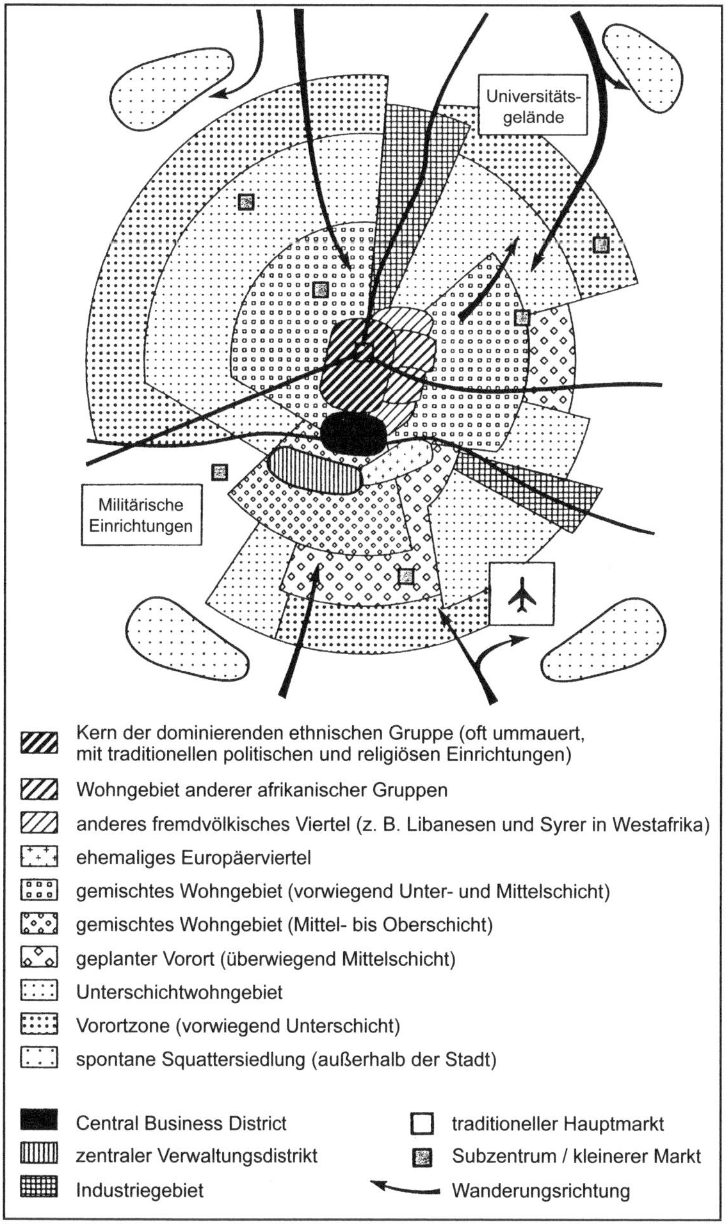

Abb. 3.4: Modell der tropisch-afrikanischen Stadt (BÄHR/JÜRGENS 2005 nach MANSHARD 1992).

parate Wohngebiete für die zugewanderte schwarze Bevölkerung, während in den größeren Industrie- und Bergbaustädten großflächige schwarze „townships" als quasi eigene Kommunen neben den weißen Wohngebieten angelegt wurden. HOLZNER (1970) analysiert diese beiden Formen der – aufgrund der damals herrschenden Rassenideologie gesetzlich vorgeschriebenen – ethnischen Segregation in der Republik Südafrika.

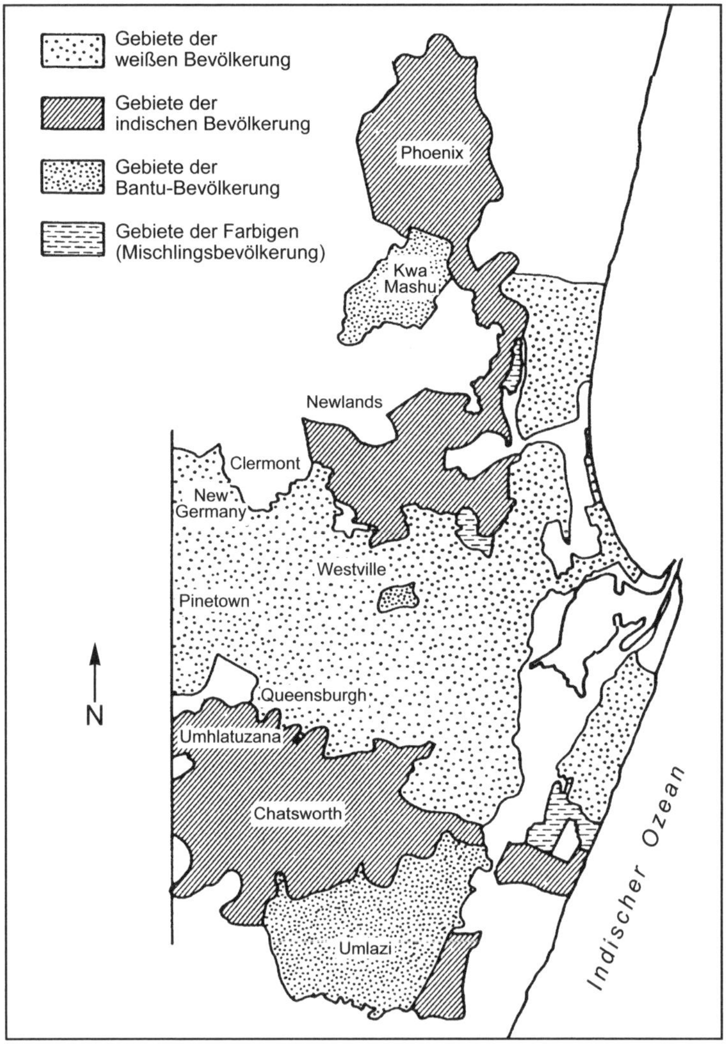

Abb. 3.5: Durban als Beispiel einer Apartheid-Stadt (bearbeitet nach HOLZNER 1970).

Die Trennung wurde so weit durchgeführt, dass die einzelnen ethnischen Stadtteile **eigene Verwaltungen** aus Mitgliedern der jeweiligen Ethnie und ihre **jeweils eigene kommunale Infrastruktur** bekamen. Durban war ein Beispiel für eine Apartheid-Stadt mit hohem Anteil indischer Wohnbevölkerung, so dass sich eine Aufteilung der Stadt in vier jeweils relativ stark in sich geschlossene separate Siedlungsgebiete ergab (vgl. Abb. 3.5). Ein Wohnortwechsel war nur innerhalb des Gebietes erlaubt, das der jeweiligen Ethnie zugewiesen worden war. In Soweto (South-West Township), dem Bantu-Stadtteil von Johannesburg, der allein die Größe einer Millionenstadt hatte, ging die ethnische Trennung so weit, dass **einzelnen Bantu-Völkern getrennte Viertel** zugeteilt worden waren (vgl. HOLZNER 1971). Seit dem Ende des Apartheid-Systems besteht zwar grundsätzlich **freie Wahl des Wohn-**

orts, jedoch kann man vielfach beobachten, dass an die Stelle einer ethnischen Gliederung eine **sozialräumliche entsprechend den Einkommensverhältnissen** getreten ist. In die ehemals den Weißen vorbehaltenen Wohnviertel mit besserer Infrastrukturausstattung ziehen nun schwarze Angehörige der oberen Mittel- und der Oberschicht und es kommt zur Schaffung von „gated communities" durch Sozialgruppen, die nicht mehr nur durch die ethnische Herkunft, sondern vor allem durch das Einkommen definiert sind (vgl. BÄHR/JÜRGENS 2005, S. 290f.).

3.1.4 Innerstädtisches Bodenpreisgefüge

Ursache und Auswirkung der Viertelsgliederung

In allen Ländern mit Privateigentum an Grund und Boden und einem freien Bodenmarkt und daraus resultierenden unterschiedlichen Bodenpreisen sind diese – und ebenso als Folge die Mietpreise – sowohl eine wichtige Ursache als auch eine Auswirkung der innerstädtischen Viertelsgliederung. Der Bodenpreis ist ein **Indikator für die Attraktivität eines Grundstücks**; je begehrter ein Grundstück ist und je mehr Konkurrenten sich um den Erwerb eines Grundstücks bemühen, umso höher steigt im Regelfall der Preis, da der Eigentümer versuchen wird, bei einem Verkauf des Grundstücks den höchst möglichen Gewinn zu erzielen. Diese Regel gilt natürlich auch im **ländlichen Raum**: Der Kauf- oder Pachtpreis für agrarisch genutzte Flächen hängt von Faktoren wie der **Bodenfruchtbarkeit** und der dadurch bedingten Eignung für bestimmte Anbauformen und -produkte, der **Lage** des Grundstücks zum Bewirtschafter und der **Nachfrage** durch Interessenten ab. Wird am Rande eines Dorfes oder einer Stadt ein bisher landwirtschaftlich genutztes Grundstück durch Beschluss des Gemeinderates **zum Baugebiet umgewidmet** (vgl. 3.1.2), steigt der Wert (und damit der Preis), weil durch die Nutzung für Bauzwecke bzw. durch den Verkauf an Bauwillige ein höherer Gewinn zu erzielen ist als durch die landwirtschaftliche Nutzung.

Mechanismus der Nutzungssegregation

Im innerstädtischen Bereich gilt dieser Aspekt in besonderem Maße: Je höher die **Gewinnerwartung an die Nutzung eines Grundstücks** und je größer die Zahl der Bewerber um ein Grundstück, d.h. je attraktiver es ist, umso höher der Preis. Und umgekehrt: Je höher der Bodenpreis, umso stärker ist der **Verdrängungseffekt**. Bodennutzungen, die nur eine geringe Rendite erbringen, sind im Vergleich zu höherwertigen und renditeträchtigeren Nutzungen unattraktiv. Auf diese Weise wird beispielsweise regelmäßig die Wohnnutzung aus der City verdrängt, da die Konkurrenz durch Gewerbetreibende, die imstande sind, für Büros oder Geschäftslokale eine höhere Miete zu zahlen als Privathaushalte für eine Wohnung, übermächtig ist. Aber auch in Wohngebieten **wirkt der Bodenpreis selektierend**. In attraktiven Wohnlagen einer Stadt, beispielsweise in ruhiger und trotzdem verkehrsgünstig gelegener Vorort- oder Stadtrandlage mit hochwertiger Einfamilienhausbebauung kann der Boden- bzw. Kauf- oder Mietpreis für Immobilien eine Höhe erreichen, die nur noch für Angehörige besonders wohlhabender Schichten tragbar ist.

Kern-Rand-Gefälle des Bodenpreises

LICHTENBERGER (1970) zeigt modellhaft die **Abhängigkeit des Bodenpreises von der Lage** innerhalb einer Stadt **und von der Nutzung**, wie sie für europäische Großstädte typisch ist (vgl. Abb. 3.6). Die höchsten Bodenpreise

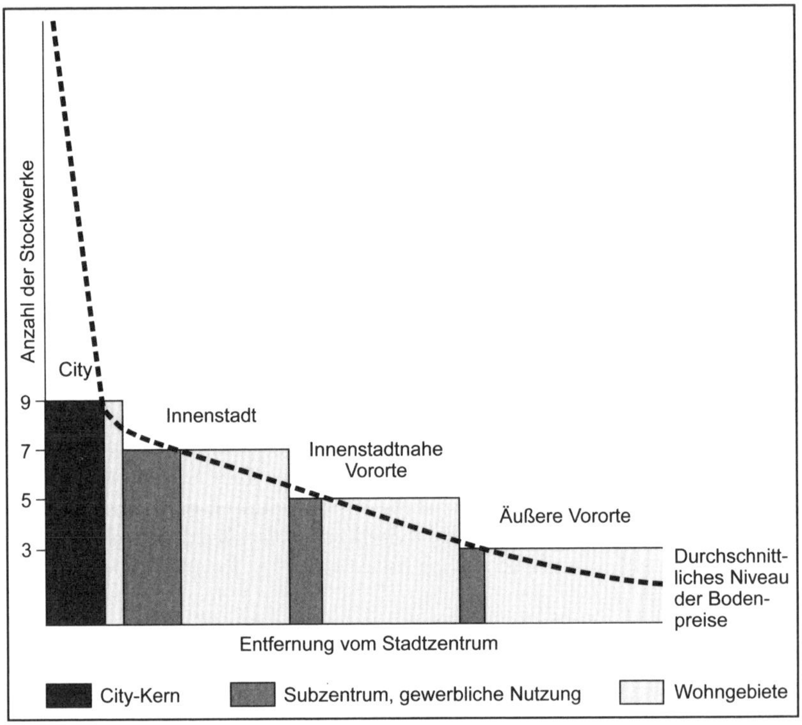

Abb. 3.6: Bodenpreisniveau in einer kontinentaleuropäischen Großstadt (bearbeitet nach LICHTENBERGER 1970).

werden in der City erreicht, wobei es ein sehr deutliches Gefälle vom City-Kern zum City-Mantel gibt (vgl. 3.2). In der übrigen Innenstadt liegen die Bodenwerte bereits niedriger, obwohl auch hier ein Gefälle vom gewerblich genutzten Bereich (z. B. City-Erweiterungsgebiet) zum Wohngebiet existiert. Ein weiteres Absinken ist über die innenstadtnahen zu den äußeren Vororten zu verzeichnen, jeweils mit den höchsten Werten in den gewerblich genutzten Subzentren und niedrigeren Bodenpreisen zum Rand hin. Eine Modifikation dieses Kern-Rand-Gefälles ergibt sich nach POLENSKY (1974, S. 70f.), wenn die **Bodenpreise** nicht auf den Quadratmeter Grundstücksfläche, sondern **auf die Geschossfläche bezogen** werden. In Wohngebieten der Vororte und im suburbanen Raum, wo die Geschossflächenzahl in der Regel deutlich unter 1,0 liegt, steigt der Geschossflächenpreis meist wieder stark an, weil der Käufer für einen Quadratmeter Geschossfläche mehr als einen Quadratmeter Grundstücksfläche erwerben muss. Wenn also der Einfluss der Nutzungsintensität auf den Bodenpreis eliminiert wird, indem man den Geschossflächenpreis als Maßstab heranzieht, ist das Resultat ein **U-förmiger Verlauf des Bodenwertes vom Zentrum zum Stadtrand**: hohe Preise in der City, niedrigere in den Wohngebieten der Innenstadt und wieder höhere in den aufgelockerten Einfamilienhausgebieten am Stadtrand.

Abweichungen vom modellhaften Verlauf

In der Realität können die Bodenpreise selbstverständlich örtlich stärker vom modellhaften Verlauf abweichen. So ergeben sich um die Haltestellen innerstädtischer Verkehrsmittel oder an den Endstationen von S-Bahnen häufig Bodenpreismaxima wegen der besonderen **Verkehrsgunst** dieser Lagen. Auch spielen **Imagefaktoren** z. T. eine große Rolle. Wohnlagen in sog. „In-Vierteln" oder Bürolagen in besonders angesehenen Straßenzügen können sich durch hohes Preisniveau deutlich von der Umgebung unterscheiden. Oftmals entwickeln sich hier **Rückkoppelungseffekte**: Weil ein Wohnstandort als besonders angesehen gilt, steigt die Nachfrage und erhöht sich der Bodenpreis. Die Folge ist der Zuzug besonders wohlhabender oder prominenter Bürger, was wiederum das Ansehen dieses Viertels und damit die Preise weiter steigen lässt.

Indikator Bodenpreis

Für die stadtgeographische Forschung hat die Analyse der Bodenpreise eine **doppelte Bedeutung**. Der Bodenwert ist ein Indikator für die **Attraktivität** eines Grundstücks bzw. eines Stadtviertels als Wohn- oder Gewerbegebiet. Andererseits erlaubt er Hinweise darauf, **welche soziale Gruppe** (in einem Wohngebiet) oder **welche Gewerbe** (in einem Kerngebiet oder Gewerbegebiet) sich unter Preis- und Renditeaspekten in einem bestimmten Stadtviertel niederlassen werden. Der Bodenpreis besitzt also einen über die eigentliche Bedeutung hinausgehenden Erkenntniswert als Indikator.

3.2 Innerstädtische Zentren- und Standortsysteme

Standortfaktoren

Die ökonomische Grundlage von Städten sind in aller Regel **Betriebe des sekundären und tertiären Sektors der Wirtschaft** (produzierendes Gewerbe bzw. Dienstleistungen). Diese Betriebe sind nicht willkürlich über das Gebiet einer Stadt verteilt. So wie im nationalen und internationalen Bereich die verschiedensten Standortfaktoren determinierend oder zumindest beeinflussend auf Unternehmensstandorte im Meso- und Makromaßstab einwirken, so existieren auch im **Mikrobereich** – d. h. innerhalb einer Stadt – Faktoren, mit deren Hilfe man die **Standorte** von Betrieben und Organisationen, ihre **Lage** und ihre **Verteilung** erklären und analysieren kann (vgl. HAAS/NEUMAIR 2007, S. 17f.). Nicht nur produzierende und Dienstleistungsbetriebe, sondern häufig auch einzelne Branchen innerhalb des gleichen Sektors der Wirtschaft unterscheiden sich hinsichtlich ihrer Standortanforderungen, so dass sich eine Vielzahl unterschiedlich zu gewichtender Standortfaktoren ergibt.

3.2.1 Standorte des produzierenden Gewerbes

Forschungsansätze zum Mikrostandort

Im Gegensatz zum tertiären Sektor, über dessen Standortwahl im innerstädtischen Bereich seit Längerem eine umfangreiche Literatur existiert (vgl. 3.2.2), und auch verglichen mit Untersuchungen zum Makrostandort von Industriebetrieben, „trat lange Zeit die des Mikrostandorts innerhalb des Stadtgebiets zurück" (HOFMEISTER 1991, S. 40). Als Grund werden häufig das Fehlen klarer Regelhaftigkeiten und das eher individuell je Stadt unterschiedliche Standortmuster von Industrie- und Gewerbegebieten angeführt. HOFMEISTER (1991, S. 40f.) nennt drei Forschungsansätze für diese Frage: die

Anwendung der **wirtschaftsgeographischen Standortlehre** (z.B. nach ALFRED WEBER, vgl. HAAS/NEUMAIR 2007, S. 35ff.) auch auf den Mikrostandort (z.B. BALE 1981), den **behavioristischen Ansatz**, der die Standortentscheidungen der Akteure (Unternehmer, Investoren) im Sinne eines verhaltens- oder entscheidungstheoretischen Forschungsansatzes analysiert, und den **genetisch-historischen Ansatz**, der die Lage von Industrie- und Gewerbegebieten aus den Epochen der Stadtentwicklung seit dem Industriezeitalter heraus zu erklären versucht, wie es z.B. KREßE (1977) für verschiedene deutsche Großstädte gelang.

Persistenz

Da die Gründung und Verlagerung von Betrieben des sekundären Sektors im Allgemeinen **größere Investitionssummen** erfordert und meist wesentlich **umfangreichere Flächenansprüche** zu erfüllen sind als im Dienstleistungsbereich, spielt hier das Prinzip der Persistenz eine wichtigere Rolle, d.h. einmal gewählte Standorte sind dauerhafter, und Wanderungen von Betrieben sind seltener als beim tertiären Sektor. Daher lassen sich viele Standorte des produzierenden Gewerbes durch die **Genese einer Stadt erklären**. Als in West- und Mitteleuropa im 19. Jahrhundert das Industriezeitalter begann, wurden häufig **bereits bestehende Handwerksbetriebe** im Zuge der Mechanisierung ausgebaut und erweitert – genügende Flächen vorausgesetzt. Auf diese Weise entstand die für historische Altstädte häufig typische **Mischlage von Wohnungen und Gewerbebetrieben**, die sich in vielen Städten bis nach dem Zweiten Weltkrieg erhielt.

Neuansiedlung

Größere und im Verlauf der Industrialisierung **neu gegründete Betriebe** wurden demgegenüber mehr oder weniger **kreisförmig um die Altstadt herum** erbaut, insbesondere in den Städten, wo nach dem Abbruch der Stadtmauern entsprechende Freiflächen zur Verfügung standen. Ein **bandförmiges Element** bekam das Verteilungsmuster dort, wo Eisenbahnlinien in die Stadt führten und Anlass zur Errichtung von Betrieben entlang dieser Verkehrsachsen boten. Ähnliche Effekte erzielten schiffbare Flüsse oder Kanäle und später – durch die Entwicklung des Kraftfahrzeugverkehrs – Hauptverbindungsstraßen. Eine gegenteilige Wirkung hatten meistens Wohngebiete der sozialen Oberschicht, Schlösser, Parkanlagen u.Ä., deren Nähe sich hemmend auf Industrieansiedlungen auswirkte. In weiteren Phasen der Industrialisierung setzte sich der **Aufbau von Gewerbestandorten in das Umland** der alten Städte fort und erfasste die ehemals rein agrarisch strukturierten Dörfer nahe der Stadt, die auf diese Weise, auch durch den Zuzug von Arbeiterbevölkerung, häufig schon vor dem Ersten Weltkrieg baulich und sozio-ökonomisch mit der Stadt zusammenwuchsen und dann als Folge eingemeindet wurden. Durch diese Entwicklungen entstand in vielen Städten ein Gefügemuster von **Industrie- und Gewerbegebieten**, das durch **ringförmige** (um die Altstadt), **bandförmige** (entlang von Verkehrslinien) und **punktförmige Elemente** (in den eingemeindeten Vororten) gekennzeichnet war (vgl. auch die Stadtstrukturmodelle, Kap. 3.5.1). Abbildung 3.7 zeigt modellhaft die genannte Standortverteilung nach STEWIG (1983).

Verlagerung

Grundlegende Veränderungen dieses historisch gewachsenen Musters von Standorten des produzierenden Gewerbes ergaben sich in vielen Städten der altindustrialisierten Länder erst in der zweiten Hälfte des 20. Jahrhunderts durch **bewusste** (kommunale oder staatliche) **Stadt- und Standortplanung** und durch neue Gesichtspunkte bei **Investorenentscheidungen**.

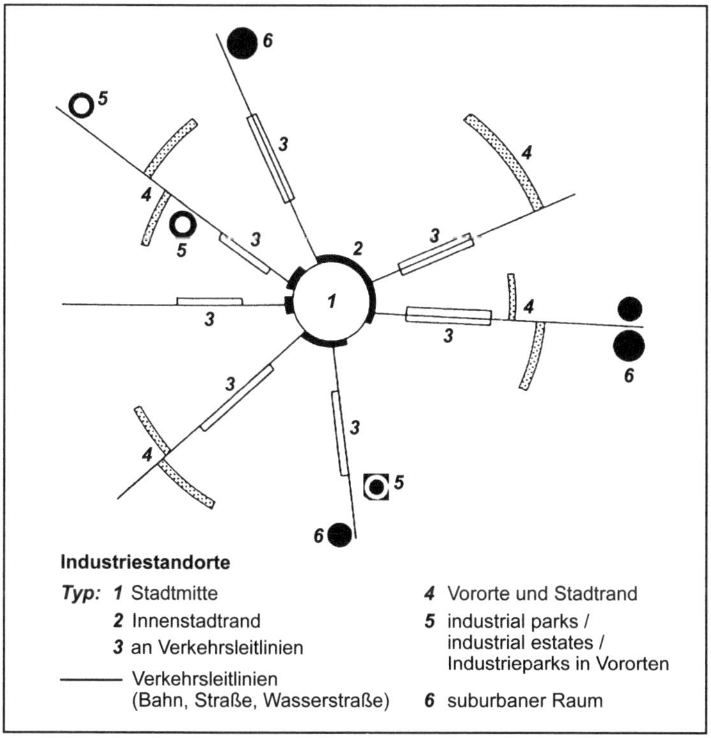

Abb. 3.7: Typen von Industriestandorten im städtischen Raum (nach STEWIG 1983).

Das **stadtplanerische Konzept der Funktionstrennung** (vgl. 3.1.2) bzw. – in Deutschland – dessen Verankerung in der Baunutzungsverordnung führte dazu, dass neue Betriebe des produzierenden Gewerbes in der Regel nur noch konzentriert in Gewerbe- oder Industriegebieten angesiedelt werden konnten und dass ältere Betriebe im Falle der Notwendigkeit einer Verlagerung, z. B. wegen erhöhten Flächenbedarfs, in diese Gebiete umsiedelten. Teilweise wurden sie nach anglo-amerikanischem Muster in Form von **Industrieparks** („industrial estates", „industrial parks") als bewusstes Mittel der kommunalen Standortlenkung angelegt. Auf jeden Fall setzte sich hierdurch die Verlagerung der Industriestandorte von Innen nach Außen fort, bis hin zu einer **Abwanderung in das Umland** im Zuge der Suburbanisierung (vgl. 2.4.1.2).

Vorteile peripherer Standorte

Nicht nur die Stadtplanung förderte in vielen Fällen die Konzentration der Betriebe des sekundären Sektors in peripheren Lagen, auch für die Unternehmen selbst erwiesen sich derartige Standorte in der Regel als vorteilhafter. Vor allem Gründe der **Flächenverfügbarkeit**, der **geringeren Bodenpreise** und der **verkehrstechnischen Erreichbarkeit** sprachen bzw. sprechen für die Abwanderung aus teuren und beengten Innenstadtlagen (vgl. 2.4.1.2). Hinzu kommen Gesichtspunkte des **Umweltschutzes**; durch die Randwanderung von Betrieben wird die **Lärm- und Abgasbelastung** der Wohnbevölkerung in Innenstadtlagen verringert. Ökologische Verbesserungen können auch durch entsprechend bewusste Flächenausweisungen erreicht werden,

z. B. durch die Situierung von Industriegebieten **auf der Leeseite von Städten**, bezogen auf die häufigste Windrichtung, oder **in der Nähe von Autobahnanschlussstellen**, um LKW-Verkehr durch Wohngebiete zu vermeiden.

3.2.2 Standorte des Dienstleistungssektors

Forschungsansätze

Die Erforschung der Standortstrukturen der Betriebe des tertiären Sektors basierte von Anfang an sehr stark auf dem **Modell der Zentralen Orte** nach CHRISTALLER (1933; vgl. 2.5.1.1). In einer wegweisenden Arbeit übertrug CAROL (1960) das **Modell einer Hierarchie zentralörtlicher Funktionen** am Beispiel von Zürich auf den innerstädtischen Raum und initiierte damit eine Reihe von Studien zur Standorthierarchie in Städten. So wie ein Zentraler Ort – je nach Qualität und Quantität der Ausstattung mit zentralen Diensten – sein Umland auf einer höheren oder niedrigeren Hierarchiestufe mit diesen öffentlichen oder privaten Diensten versorgt, bilden sich nach den gleichen Erklärungsansätzen auch innerhalb einer Stadt **Zentren, welche die gesamte Stadt**, analog zum Oberzentrum im zentralörtlichen System, **oder lediglich einzelne** kleinere oder größere **Stadtteile versorgen**, so wie die Mittel- und Unterzentren im regionalen Maßstab (vgl. Abb. 3.8).

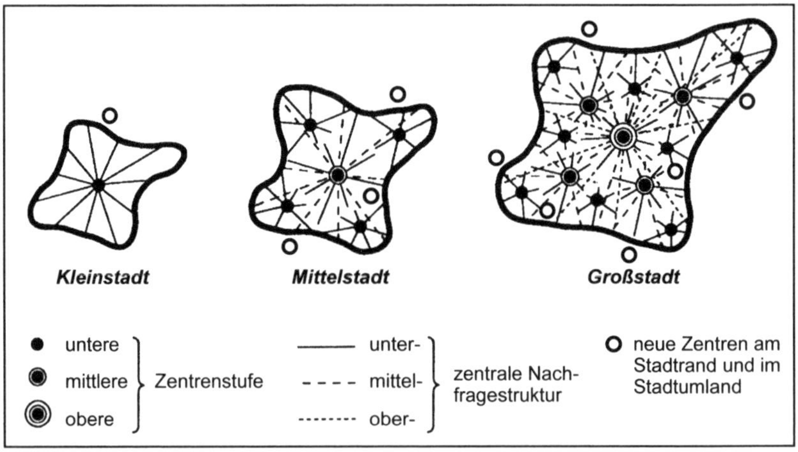

Abb. 3.8: Innerstädtische Zentrenstruktur im Bereich des tertiären Sektors (verändert nach KÖCK 1992b).

Zentrenstruktur

Die Städte besitzen, je nach Flächengröße, Einwohnerzahl und Bevölkerungsstruktur, nur **ein einziges Zentrum** oder ein **hierarchisch aufgebautes System innerstädtischer Zentralorte**. In **Kleinstädten** konzentriert sich der tertiäre Sektor in aller Regel auf ein Zentrum, in dem sich Einrichtungen der öffentlichen Verwaltung und der Infrastruktur (vom Rathaus bis zur Schule) ebenso finden wie private Dienstleistungen, vom Einzelhandelsgeschäft bis zur Post und zum Arzt. Die **Mittelstadt** besitzt neben dem Hauptzentrum bereits mehrere untergeordnete Zentren (Subzentren), insbesondere wenn sie durch größere Neubausiedlungen oder durch Eingemeindungen Ortsteile mit einer gewissen Selbstständigkeit aufweist. Hier besteht bereits eine Differenzierung in der Weise, dass das Hauptzentrum neben alltäglichen Angeboten spezialisierte Dienstleistungen höherwertiger und seltenerer Art anbietet, während die Subzentren vor allem der einfacheren Versorgung der umliegend wohnenden Vorortbevölkerung dienen.

Diese Differenzierung setzt sich mit wachsender Stadtgröße fort. In **Großstädten** besteht in der Regel ein **dreistufig hierarchisch aufgebautes System** von Standorten des tertiären Sektors mit dem **Hauptzentrum**, der City bzw. dem CBD („central business district" als Bezeichnung in den USA), **Subzentren** in den größeren Vororten und Quartierzentren, Nachbarschaftszentren, **Nebenzentren** (es existiert keine allgemein anerkannte und allgemein gültige Terminologie) in kleineren Vororten oder eigenständigen Wohnquartieren. In einer vor allem auf der Struktur und der Breite und Tiefe des Angebots im Einzelhandel basierenden Arbeit gelang es Riedner (1980), am Beispiel Münchner Subzentren die Standorte zu bewerten und sie nach der Ausdehnung von Versorgungseinzugsbereichen zu typisieren.

Standortverlagerungen aufgrund Suburbanisierung

Dieses idealtypische Standortmuster des tertiären Sektors veränderte sich in den letzten Jahrzehnten durch die Suburbanisierung entscheidend (vgl. Dienstleistungssuburbanisierung, Kap. 2.4.1.3). Vom Einzel- und Großhandelsbetrieb bis zum Bürobetrieb des Banken- und Versicherungsgewerbes wanderten Unternehmen des tertiären Sektors an den Stadtrand und in das Stadtumland, so dass sich hier neue Standorte entwickelten. Im Gegensatz zu **„integrierten" Subzentren**, die in die historische Siedlungsstruktur eingebunden sind, spricht man häufig von **„nicht integrierten" Zentren**, die z. B. bei Einzelhandelsstandorten keinen unmittelbar zugeordneten Versorgungsbereich bedienen, sondern **motorisierte Kunden der gesamten Stadt anzusprechen versuchen**. Insofern erfüllen sie häufig Funktionen, die früher, in der „traditionellen" Stadt, der City und den Subzentren vorbehalten waren. Tatsächlich sind in vielen europäischen Städten in den letzten Jahren nach dem Muster der USA – wo diese Entwicklung bereits vor dem Zweiten Weltkrieg begann – in großer Zahl **Arbeitsplätze im tertiären Sektor** (z. B. in Bürobetrieben) und **Funktionen der Massenversorgung** (z. B. im Lebensmittelbereich) aus den Stadtzentren **in Gewerbegebiete am Stadtrand abgewandert**. In Deutschland findet man bereits in einigen Kleinstädten des ländlichen Raumes die von der Fläche und von der Beschäftigtenzahl her größeren **und bedeutenderen Standorte** des tertiären Sektors **am Stadtrand**, während die **historischen Stadtzentren entleert** werden und vielfach von „Verödung" gesprochen wird. Insbesondere in vielen kleineren und mittelgroßen Städten in den ostdeutschen Bundesländern, wo während der Zeit der DDR nicht in den Erhalt der historischen Bausubstanz der Altstädte investiert wurde, befinden sich heute fast alle Einzelhandelsstandorte in Gewerbegebieten am Stadtrand. Hier konnten die Investoren nach der politischen Wende rasch und kostengünstig großflächige Einzelhandelsprojekte realisieren.

Historischer City-Begriff

Für den zentralen, durch tertiäre Funktionen geprägten Bereich einer Großstadt hat sich in Deutschland der Begriff City eingebürgert. Der Terminus leitet sich von den beiden Kernen von London ab, der **City of Westminster** und der **City of London**. Hier beobachtete man bereits in der ersten Hälfte des 19. Jahrhunderts eine **Verdrängung der Wohnbevölkerung** und eine **Konzentration von administrativen und kommerziellen Funktionen**. In der deutschsprachigen Fachliteratur bezeichnete man diesen Prozess als City-Bildung, obwohl der Begriff City in England und in den USA allgemein Städte mit bestimmten Verwaltungsfunktionen meint. Später wurde kontrovers diskutiert, welche Branchen und welche Teilbereiche des tertiären Sektors typisch für eine City seien, und LICHTENBERGER (1972) unterschied im Fall von Wien zwischen **Wirtschaftscity** und **Regierungscity**. Andere Autoren prägten Begriffe wie **Handelscity** und **Verwaltungscity** (vgl. hierzu HOFMEISTER 1999, S. 154f.).

Heutiger City-Begriff

Heute wird City allgemein als **Kern einer größeren Stadt** gesehen, der ganz überwiegend durch **Versorgungsfunktionen** mittel- und oberzentraler Art (Kaufhäuser und hoch spezialisierte Einzelhandelsgeschäfte sowie Dienstleistungsbetriebe, Banken, Fachärzte, Anwälte, Wirtschaftsberater usw.), durch **Behörden-, Verwaltungs- und Bürostandorte** öffentlicher und privater Art, durch **kulturelle Einrichtungen** (z.B. Theater, Museen) sowie evtl. durch **touristische Infrastruktur** (Hotellerie, Gastronomie) geprägt ist. Wohnbevölkerung fehlt in der City aufgrund von Verdrängungseffekten fast völlig; dagegen bilden sich wegen der starken Arbeitsplatzkonzentration im tertiären Wirtschaftssektor und des großen Versorgungsangebots **umfangreiche Einpendler- und Einkaufsströme**. Man spricht hier von der sog. **„Tagbevölkerung“** im Gegensatz zur **„Nachtbevölkerung“** in den Wohngebieten der Stadt. Da die Boden- und Mietpreise wegen der Standortattraktivität die höchsten Werte innerhalb der Stadt erreichen (vgl. 3.1.4), ist die **Bebauung** im Allgemeinen relativ **hoch und dicht**. In historischen Städten liegt die City meist, aber nicht zwingend im Bereich der Altstadt. Zum Teil haben sich in-

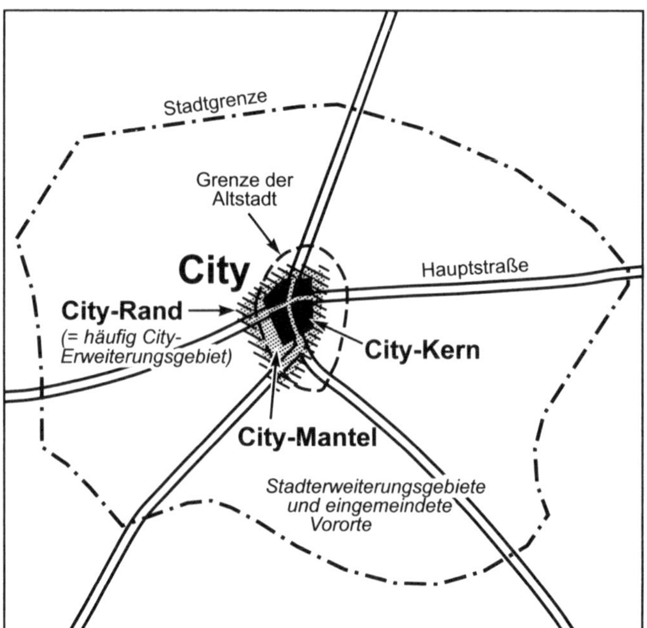

Abb. 3.9: Die City und ihre Gliederung in einer europäischen Großstadt (eigener Entwurf).

nerhalb der City – wie oben erwähnt – getrennte Geschäftsviertel sowie Verwaltungs-, Banken-, Büro- oder auch Vergnügungsviertel gebildet. In den kleineren europäischen Großstädten sind jedoch die City-typischen Funktionen eher vermischt.

Gliederung der City

In großen Städten lässt sich die City noch weiter untergliedern (vgl. Abb. 3.9). Als **City-Kern** bezeichnet man dann den inneren Teil, in dem die City-typischen Funktionen und Gebäudenutzungen in besonders starker Verdichtung bzw. mit besonders großem Übergewicht gegenüber anderen städtischen Funktionen auftreten. Der **City-Mantel** ist der äußere Teilraum, wo die Charakteristika der City weniger stark verdichtet sind und in gewisser Durchmischung mit anderen Funktionen auftreten; insbesondere sind hier auch stärker flächenbeanspruchende Einrichtungen und Nutzungen vertreten. Der **City-Rand** ist die Übergangszone zu den angrenzenden innerstädtischen Teilräumen mit einem höheren Anteil der Wohnfunktion an der Gebäudenutzung. In wirtschaftsstarken und wachsenden Großstädten findet am City-Rand häufig eine Expansion der City durch Nutzungswandel statt, vor allem aufgrund der Umwandlung von Wohnhäusern in Geschäfts- und Bürohäuser oder zunächst dadurch, dass im Erdgeschoss und in den unteren Etagen die Wohnbevölkerung durch City-Nutzungen ersetzt wird.

Indikatoren zur City-Abgrenzung

In den ersten Jahrzehnten nach dem Zweiten Weltkrieg wurde die Frage der City-Abgrenzung häufig thematisiert. Als Indikatoren für die **Zugehörigkeit** einer Straße oder eines Baublocks **zur City** verwendete man Merkmale wie Gebäudenutzung, Boden- und Mietpreisniveau, Beschäftigtenstruktur, Intensität der Fußgängerströme, Anteil der Schaufenster an der Gebäude- oder Straßenfront der Baublöcke (sog. Schaufensterindex), Geschäftsumsätze pro Ladenfläche u. Ä. Besonders bekannt wurden die CBD-**Indexberechnungen** von MURPHY und VANCE (1954). Die Autoren berechneten für US-amerikanische Großstädte den

- **CBD-Höhenindex** (gesamte Geschossflächen eines Baublocks mit CBD-typischen Nutzungen pro gesamten Gebäude-Grundflächen) und den
- **CBD-Intensitätsindex** (gesamte Geschossflächen eines Baublocks mit CBD-typischen Nutzungen x 100 pro gesamten Geschossflächen).

Als **CBD-untypische Nutzungen** sahen die Autoren u. a. Wohnungen, Verwaltungen und Behörden, Kirchen, Großhandelsbetriebe, Verkehrsanlagen und Industrieunternehmen an. Zur City wurden alle Baublöcke gezählt, in denen der **Höhenindex über 1,0** und der **Intensitätsindex über 50 %** lag.

Merkmale der City-Abgrenzung in Europa

Wegen der starken Ausrichtung an US-amerikanischen Verhältnissen (CBD-Definition, quadratische Baublöcke) erwies sich die Methode von MURPHY und VANCE für europäische Städte als wenig brauchbar. Für 15 deutsche Städte untersuchte WOLF (1971) die Ausdehnung und die zentrenspezifische Nutzungsintensität von Cities und sonstigen hoch- und höchstrangigen Geschäftszentren anhand des **Vorhandenseins bestimmter zentrentypischer Nutzungsgruppen** (z. B. Kaufhäuser, Spezialgeschäfte für Bekleidung, Banken und Kreditinstitute, Wirtschaftsbüros u. a.). POLENSKY (1974) analysierte mit Hilfe der **Veränderung der Bodenpreise** im Zeitablauf die Ausdehnung und das Wachsen der Münchner City. HÜBSCHMANN hatte bereits 1952 in Frankfurt/Main aufgrund von **Zählungen der Passanten und ihres Verhaltens** in der Haupteinkaufsstraße Zeil Aussagen über die Ausdehnung der Einzelhandelscity machen können.

Veränderung der Standortfaktoren

Hinter der in der zweiten Hälfte des 20. Jahrhunderts geführten Diskussion über die sog. **City-Gebundenheit von Funktionen** und über **City-typische Branchen** stand die Meinung, dass diese ihren „natürlichen" Standort in der City haben und sich nur dort optimal entfalten können. Inzwischen zeigen empirische Untersuchungen, dass Ausdehnung und Branchenstruktur der City und die Zusammensetzung der in ihr vertretenen Funktionen nicht mit generell gültigen gleichen Maßstäben zu bestimmen sind. Stattdessen ist die **Struktur der City** abhängig u.a. von der zentralörtlichen Bedeutung einer Stadt, von der Zahl und der Kaufkraft ihrer Einwohner, von der Anzahl, Ausstattung und Lage der Subzentren, von der Verkehrsanbindung und nicht zuletzt auch von der Stadtentwicklungs- und -planungspolitik und ihren Zielsetzungen. So wie im Makromaßstab, z.B. auf nationaler Ebene, die **Bedeutung „harter" Standortfaktoren** für Betriebe des sekundären wie des tertiären Sektors in den letzten Jahrzehnten **beschleunigt abgenommen** hat (vgl. HAAS/NEUMAIR 2007, S. 16f.), so scheint dies zunehmend auch für die innerstädtische Standortwahl und -verteilung zu gelten.

Individuelle Raumstrukturen

KULKE (1998, S. 162f.) macht darauf aufmerksam, dass vor allem Dienstleistungsbetriebe **ohne** die Notwendigkeit eines **direkten Kontakts zu den Kunden** ihre Standorte relativ frei wählen können. Hier spielen **Einflussfaktoren** wie Boden- und Mietpreise, die Verfügbarkeit genügend großer Flächen und die Erreichbarkeit für Beschäftigte und Lieferanten eine wichtige Rolle. Auch HEINEBERG et al. (1987) kamen bei Studien zu den Dienstleistungsstandorten in München, Düsseldorf, Dortmund und Münster zum Ergebnis, dass bei jeder Analyse der innerstädtischen Standortverteilungen tertiärer Einrichtungen die individuellen Raumstrukturen der betreffenden Städte zu berücksichtigen sind. Neben der Struktur des ÖPNV, der Verteilung der Fußgängerströme, der unterschiedlichen Prestigewertigkeit von Stadtvierteln spielen viele **individuelle Eigenschaften des Mikrostandortes** eine Rolle, wie z.B. Eigentumsverhältnisse, Flächenangebot, Pacht- und Mietpreis sowie deren Konditionen, Parzellenzuschnitt und die Wirksamkeit von Persistenzen (vgl. HEINEBERG et al. 1987, S. 235).

Verlagerung von City-Funktionen

In vielen US-amerikanischen Großstädten ist die **Auflösung der City** als zentraler Standort von Dienstleistungen zugunsten von „Malls" im suburbanen Raum bereits weit fortgeschritten. Demgegenüber existiert in einer typischen deutschen Großstadt zwar noch eine funktionsfähige City, aber City-typische Funktionen finden sich zunehmend auch in Subzentren von Vororten, am Stadtrand und im Stadtumland (vgl. 2.4.1.3) sowie an sonstigen isolierten Standorten im gesamten Stadtgebiet. Insbesondere Bürostandorte zeigen in wachsendem Maße disperse Verteilungsstrukturen. Diese Tendenz wird durch die **geringere Bedeutung von** räumlich zu verstehenden **„Fühlungsvorteilen"** wegen der elektronischen Vernetzung und durch die Tatsache gefördert, dass häufig **renditeträchtigere Nutzungen in der City** reine Büro- und Verwaltungsnutzungen verdrängen. Nicht selten bleiben in größeren Wirtschaftszentren nur noch die Hauptverwaltungen und Büros mit Publikumskontakt von großen Unternehmen in imagefördernden Standorten in der City, während die Verwaltungen, Rechenzentren und sonstigen Abteilungen von Banken, Versicherungen und anderen Dienstleistungsunternehmen häufig ihre bisherigen City-Standorte verlassen und sich auf verkehrsgünstig gelegenen und preislich vorteilhaften Flächen außerhalb der

City ansiedeln. Abbildung 3.10 zeigt das breite Spektrum von Überlegungen, die bei der Bewertung innerstädtischer Standorte des tertiären Sektors eine Rolle spielen. Häufig lautet das Resultat, dass der optimale Standort des betreffenden Betriebes nicht in der City, sondern im übrigen Stadtgebiet liegt.

Bedarfsorientierung	Konsumentendichte, -nähe und -struktur im Einzugsbereich Versorgungsgewohnheiten der Bevölkerung Ausrichtung des Einzelhandels- und Dienstleistungsangebots auf die Nutzer- und Konsumentengruppen
Erreichbarkeit	Funktionsräumliche Lage Verkehrsanbindung und -bedienung im ÖPNV Lage zu Verkehrsakkumulationspunkten/Lage zu Passantenmagneten Verkehrsanbindung im PKW-Verkehr für Nutzer Verkehrsanbindung im LKW-Verkehr für Lieferanten
Konkurrenzsituation/ Agglomerationsvorteile	Branchengleiche Konkurrenzakkumulation (Konkurrenzanziehung) Branchengleiche Absatzagglomeration Sonstige Agglomerationsvorteile Konkurrenzmeidung
Stadtfunktionale Faktoren	Wirtschaftsstruktur der Stadt bzw. des Stadtteils Bedeutung der Stadt als Zentraler Ort Innerstädtische Zentrenausstattung (Nebenzentren) Spezielle Funktionen der Stadt (z.B. Universitätsstadt, touristische Destination)
Zwischen- u. außerbetriebliche Kontaktbedürfnisse bzw. Interaktionen	Persönliche (Geschäfts-) Kontaktmöglichkeiten zwischen gleichen, ähnlichen oder andersartigen Einrichtungen/Betrieben Andere zwischenbetriebliche Interaktionsformen Art der Kontakte zwischen Kunden und Einrichtungen/Betrieben
Raumbedarf, -angebot und -kosten	Verfügbarkeit, Größe und Lage der Betriebsflächen Räumliche Expansionsmöglichkeiten des Betriebes Grundstücks-, Gebäude-, Miet- und Instandhaltungskosten Rendite bei vermieteten Objekten
Einflüsse der Planung/städtebauliche Gründe	Festsetzungen im Bebauungsplan/Flächennutzungsplan Städtische Infrastruktur (Qualität und Quantität) Spezielle Maßnahmen städtebaulicher Gestaltung (u. a. Fußgängerzone) Maßnahmen der Verkehrsplanung Direkte Standortbeeinflussung durch stadtplanerische Festlegungen
Standortbeeinflussung durch übergeordnete Institutionen	Vorgaben und Beeinflussung durch berufsständische Kammern Höhe und Art der Steuern und Abgaben Vorgaben und Einschränkungen durch den Denkmalschutz
Betriebsinterne Faktoren	Betriebsstruktur und -organisation Innerbetriebliche Kommunikation und Arbeitsteilung Persönliche Verhältnisse der Betriebsleitung Arbeitskräftebedarf und -angebot Lohn- und Lohnnebenkosten
Standorttradition	Räumlich-zeitliche Persistenz von Betriebsstandorten (Standortbeharrung)
Repräsentations- und Imagefaktoren	Historischer Lagewert, Image, Symbolwert eines Standortraumes Landschaftliche Lagefaktoren Attraktivität und Image des Betriebes

Abb. 3.10: Kriterien zur Bewertung innerstädtischer Standorte des tertiären Sektors (verändert und ergänzt nach HEINEBERG 2001).

Verlagerung des Einzelhandels

Besonders starke Veränderungen erlebten in den letzten Jahrzehnten die Standorte des Einzelhandels. Ein „tiefgreifender Strukturwandel im Einzelhandel der Bundesrepublik Deutschland" – und nicht nur dort! – hat dazu geführt, dass sich **am Stadtrand „große Einzelhandelsbetriebe**, Verbrauchermärkte, Möbelriesen oder **Shopping-Center** niedergelassen haben und andererseits der ‚commercial blight' – von nordamerikanischen Innenstädten wohl bekannt – auch in deutschen Städten als **‚Ladensterben'** in Erscheinung getreten ist" (HEINRITZ 1991, S. 119). Der angesprochene Sachverhalt wurde u.a. auch von HEINRITZ (1989), KULKE (1994; 1997; 1998; 2005) und KLEIN (1997) thematisiert. **Hauptursachen der Veränderungen** sind **auf der Nachfrageseite** die Wandlungen im Kundenverhalten durch Motorisierung, stark ausgeprägtes Preisbewusstsein und höheres Anspruchsniveau; auf der **Angebotsseite** hingegen der fast vollständige Übergang zur Selbstbedienung mit entsprechend veränderten Flächenansprüchen und die enorme Vergrößerung der durchschnittlichen Laden- und Betriebsflächen (einschließlich Parkplatzflächen) durch die neuen Betriebsstrukturen, die von den Kunden geforderte Ausdehnung des Angebots nach Breite und Tiefe und den Zwang, genügend Stellplätze für die motorisierte Kundschaft bereitstellen zu müssen. Die Folge waren (und sind noch immer) **Wanderungen von Einzelhandelsbetrieben an die Peripherie** und in nicht integrierte Standorte „auf der grünen Wiese" (vgl. 2.4.1.3) sowie die Veränderung, vielfach **Reduzierung des Einzelhandelsspektrums in der City** und in den integrierten Subzentren. Geschäfte mit größerem Flächenbedarf finden sich in vielen kleineren und mittelgroßen Städten fast nur noch am Stadtrand und in suburbanen Lagen (z.B. Lebensmittel-Discounter, Einrichtungshäuser, Bau-, Heimwerker- und Gartenmärkte, Autohändler); City- und Innenstadtlagen sind vielfach nur noch Standorte für Geschäfte des täglichen Bedarfs mit überwiegend Laufkundschaft (Kioske, Bäckereien, Floristen), für Boutiquen und für hochpreisige Spezialgeschäfte mit geringem Flächenbedarf. Eine **ungebrochene Attraktivität** sowie **Erweiterungstendenzen** zeigen derzeit in Westeuropa fast ausschließlich die **Cities sehr großer Städte** mit hohem Erlebniswert, bedeutendem Touristenanteil, guter Anbindung an den öffentlichen Nahverkehr sowie kaufkräftiger Bevölkerung in Stadt und Umland (in Deutschland z.B. München, Hamburg, Köln, Frankfurt).

3.3 Stadttypen

Wichtiges Forschungsanliegen

Die **Typisierung von Siedlungen** gehört seit jeher zu den wichtigsten Forschungsanliegen der Siedlungsgeographie. Sobald quantitativ gearbeitet wird, muss wegen der Verfügbarkeit statistischer Daten auf die politische Gemeinde als kleinste Einheit Bezug genommen werden („Gemeindetypisierung"). Gleiches gilt für die Typisierung von Städten, die nach FASSMANN (2004, S. 59) u.a. den Sinn hat, durch Gruppierung und Klassifizierung „die große Vielfalt an städtischen Siedlungsformen begrifflich zu vereinfachen". Fassmann weist in diesem Zusammenhang darauf hin, dass in der Stadtgeographie zwischen einer **Typologie**, die auf der **ganzheitlichen qualitativen**

Erfassung von Städten basiert, und einer **Klassifikation** unterschieden werden muss, die anhand einiger **ausgewählter statistischer oder funktioneller Merkmale** vorgenommen wird. Diese Unterscheidung erfährt jedoch in der Fachliteratur keine strikte Durchführung (vgl. SCHWARZ 1989b, S. 581 ff.; HEINEBERG 2001, S. 69ff.). Die wichtigsten Stadttypisierungen sind diejenigen nach Lagetypen (**geographische bzw. topographische Lage**; vgl. 2.2), nach der kulturgeschichtlichen Entwicklung (**historisch-genetische Typisierung**; vgl. 3.3.1), nach den städtischen Funktionen (funktionale Typisierung; vgl. 3.3.2), nach der Größenordnung (**statistische Typisierung**; vgl. 3.4) und nach der kulturräumlich unterschiedlichen Stadtstruktur (**regionale Stadtstrukturtypisierung**; vgl. 3.5.2).

3.3.1 Historisch-genetische Stadttypen

Prägung durch Gründungszeitalter

Die historisch-genetische Stadttypisierung beruht auf der Tatsache, dass seit dem frühen Altertum bis in die jüngste Vergangenheit Städte gegründet wurden, die aus der **Kultur**, dem **Herrschafts- und Gesellschaftssystem** sowie der **Wirtschaft** der betreffenden Zeit heraus entstanden sind und die in ihrer Struktur, ihrer Physiognomie und ihren Funktionen durch die jeweilige Epoche geprägt wurden. Insofern entwickelten sich in den verschiedenen **Kulturräumen der Erde** und in diesen jeweils in bestimmten **Epochen** individuelle Stadttypen. Diese lassen sich vor allem nach der **Physiognomie**, den **städtischen Funktionen** und der **inneren Gliederung** (z. B. nach sozialräumlichen Vierteln) klassifizieren (vgl. 3.1). Historisch-stadtgeographisch interessant ist dabei heute vor allem die Frage, inwieweit sich die Strukturen der Entstehungszeit erhalten bzw. in welcher Hinsicht **Entwicklungen** stattgefunden haben. Trotz aller Veränderungen im Lauf der Jahrhunderte – vor allem durch kriegsbedingte Zerstörungen und durch Stadtumbauten in späteren Epochen – lassen sich bei vielen Städten auch heute noch die historischen Grund- und Aufrisse erkennen, da im Allgemeinen eine sehr starke **Persistenz städtebaulicher Strukturen** besteht. Auch die Verteilung der Städte im Raum und hierarchische Städtesysteme in einem Land (vgl. 2.5) lassen sich häufig durch das Studium der Städtegenese erklären. Im Folgenden sollen beispielhaft einige wichtige historisch-genetische Stadttypen des mittel- und westeuropäischen Raumes aufgeführt werden, ohne Vollständigkeit anzustreben (vgl. hierzu HEINEBERG 2001, S. 192ff.; FASSMANN 2004, S. 60f.).

- **Römerstädte** wurden in den ersten nachchristlichen Jahrhunderten im römisch besetzten Gebiet von Süddeutschland über Frankreich bis England, meist primär als **Militär- und Handelsstützpunkte**, gegründet. Im Grundriss spiegelt sich das rechteckige bis quadratische Straßenmuster mit dem Forum im Zentrum wider, das für die mediterranen Städte typisch war. In Deutschland lassen die Altstädte von Köln, Trier, Regensburg u. a. noch die Straßenverläufe und Reste antiker Gebäude erkennen.
- **Mittelalterliche Städte** sind in ihrer Vielzahl und Vielfalt Zeugnisse ausgedehnter Stadtgründungsepochen. Keimzellen waren häufig Ritter- oder Klosterburgen, befestigte Königshöfe (Pfalzen), Bischofssitze, Markt- und Kaufmannssiedlungen. Daneben wurden durch die Landesherren plan-

mäßig sog. **Gründungsstädte** angelegt, um Handel und Verkehr zu fördern und um das Territorium zu sichern und zu organisieren.

- **Kolonisationsstädte** entstanden nach deutschem Stadtrecht im Rahmen der Ostkolonisation im Raum östlich der Elbe mit schematischem Grundriss und rechteckigem Marktplatz, der in Schlesien Ring genannt wurde. Sie dienten vor allem als **Zentren von Handel, Verkehr und Handwerk** und hatten häufig auch kirchliche Funktionen.
- **Bergstädte** sind in der Regel planmäßige landesherrliche Gründungen des späten Mittelalters und der frühen Neuzeit zum Zwecke der **Ausbeutung von Erzlagerstätten**. Beispiele sind Goslar und Clausthal im Harz.
- **Flüchtlingsstädte** (Exulantenstädte) entstanden zwischen dem 16. und 18. Jahrhundert zur Zeit der Konfessionskämpfe, vor allem während der Gegenreformation. Es waren **fürstliche Gründungen zur Aufnahme von Glaubensflüchtlingen**, wie z. B. Altona, Neu-Isenburg, Erlangen.
- **Fürstenstädte** wurden in der Renaissance- und Barockzeit als **Festungs- und Garnisonsstädte** oder aber als reine **Residenzstädte** gebaut, wobei der Palast des Landesfürsten immer eine beherrschende Stelle einnahm und sich in der physiognomischen Gliederung der Stadt die ständische Gliederung der Bevölkerung spiegelte (z. B. Mannheim, Karlsruhe).
- **Gründerzeitliche Industriestädte** entstanden nicht durch einen Gründungsakt, sondern sind das Ergebnis der Industrialisierungsprozesse in der 2. Hälfte des 19. Jahrhunderts. Sie entwickelten sich in Deutschland vor allem in den Montanindustrierevieren des Ruhrgebiets, Sachsens und Oberschlesiens durch das **massive Wachstum ehemals ländlicher Siedlungen** infolge des Zustroms von Arbeitskräften in die neu gegründeten Bergwerks- und Hüttenbetriebe (vgl. 2.3.3.1). Ähnliche Industriestädte entwickelten sich – meist relativ ungeplant – in Nordfrankreich und in Großbritannien.
- **„Neue Stadt“** ist ein Sammelbegriff für Städte unterschiedlicher Genese, die im 20. Jahrhundert für bestimmte Funktionen und zum Teil zur Erprobung neuer städtebaulicher Konzepte geplant und gebaut wurden. In England wurden **„garden cities“** als „new towns“ errichtet (z. B. Letchworth und Welwyn Garden City); in Deutschland zählen **die neuen Industriestädte der 1930er Jahre** (Wolfsburg, Salzgitter) und die **Flüchtlingsstädte nach dem Zweiten Weltkrieg** (Waldkraiburg, Traunreut, Geretsried u. a.), in den Niederlanden die **Polderstädte des 20. Jahrhunderts**, wie Lelystad, zu dieser Gruppe.

Weitere Typisierung

Auch die **in einer bestimmten Epoche vorherrschenden Baustile** werden gelegentlich zur Bezeichnung entsprechender Stadttypen herangezogen. So spricht man von gotischen Städten, von Renaissance- und Barockstädten. Ebenso wird gelegentlich die **Herrschaftsform** und die **vorherrschende Ideologie der Gründungszeit** zur Kennzeichnung verwendet (Fürstenstadt, Stadt des Absolutismus, sozialistische Stadt). Auch die Kolonialstadt als Stadtgründung ehemaliger Kolonialmächte gehört zu den historisch-genetischen Stadttypen.

3.3.2 Funktionale Stadttypen

3 Hauptfunktionsbereiche

Aus **Städten mit einer besonderen Funktionsspezialisierung** im Rahmen regionaler, nationaler oder sogar globaler Städtesysteme können funktionale Stadttypen gebildet werden. Vor allem drei Funktionsbereiche werden häufig als Grundlage derartiger Typisierungen verwendet:

- **politische Funktionen**: hierzu gehören historische Typen, sofern die ursprüngliche Funktion heute noch im Stadtbild oder in der Stadtstruktur erkennbar ist (Residenzstadt, Festungsstadt), hauptsächlich aber Städte mit aktuellen Verwaltungs- oder Regierungsfunktionen (Kreisstadt, Bezirks- und Landeshauptstadt, Beamtenstadt);
- **kulturelle Funktionen**: Typen ergeben sich vor allem aus der Bedeutung von Städten im Bildungs- und Ausbildungsbereich (Schulstadt, Universitätsstadt) sowie im religiösen Bereich (Kloster-, Tempel-, Bischofsstadt, Wallfahrtsort);
- **Wirtschafts- und Verkehrsfunktionen**: Hier ist die Spannweite möglicher Spezialisierungen besonders groß. Man kann nach dem vorherrschenden Wirtschaftssektor differenzieren (Agrostadt, Industriestadt, Arbeiterstadt, Marktstadt, Handelsstadt, Verkehrsstadt, Zentraler Ort, Oberzentrum), nach der überwiegenden Industriebranche (Bergwerksstadt, Montanstadt, Textilstadt, Chemiestadt), nach der wichtigsten Verkehrsfunktion (See- oder Binnenhafenstadt, Eisenbahnstadt, Karawanenstadt) usw.

Zuordnung von Städten

Die Zuordnung einzelner Städte zu einem Typ erfolgt häufig eher intuitiv, oft **aufgrund qualitativer Überlegungen** und von **Vergleichen** mit anderen Städten des gleichen Bezugsraumes. Um **quantitative Zuordnungen** vornehmen zu können, stehen in begrenztem Umfang **Daten der amtlichen Statistik** zur Verfügung, z.B. Angaben über die Sektoren- und Branchenzugehörigkeit der Beschäftigten (am Arbeitsort) bzw. der Erwerbspersonen (am Wohnort) und deren Stellung im Beruf (Arbeiter, Angestellter, Beamter, Selbstständiger), Statistiken aus Arbeitsstättenzählungen, Daten aus Verkehrszählungen u.a. Derartigen statistisch untermauerten Zuordnungen haftet wegen des **Problems der Schwellenwertbildung** häufig ein gewisses subjektives Element an, beispielsweise bei der Frage, ab wie viel Prozent Arbeitern an der Beschäftigtenzahl eine Stadt als Arbeiterstadt zu kennzeichnen oder mit welchen Kriterien die zentralörtliche Bedeutung zu messen ist, um eine Stadt als Mittel- oder Oberzentrum einzustufen.

Quantitative Zuordnung nach Bobek

Ein früher Versuch, funktionale Stadttypen auf quantitativer Basis zu analysieren, stammt von Bobek (1938). Er gruppierte die Städte des Deutschen Reichs nach ihren zentralen Funktionen im Sinne von Christallers **Theorie der Zentralen Orte** (vgl. 2.5.1.1) anhand der **Berufsgliederung** 1933. Die Beschäftigten in den Abteilungen **„Handel und Verkehr"** sowie **„öffentlicher Dienst und freie Berufe"** bezeichnete er als „zentrale Berufsgruppen", zu denen im gesamten Deutschen Reich 24,7% gehörten. Industrie- und Arbeiterstädte im Ruhrgebiet erreichten nur unterdurchschnittliche Werte, wie z.B. Gelsenkirchen mit 17,3% und Bochum mit 21,1%, während „Zentrale Städte", Landeshauptstädte und Handelsstädte auf Werte wie Karlsruhe (46,7%), München (43,3%), Köln (41,1%) und Stuttgart (40,7%) kamen.

Funktionale Klassifikation nach Harris

Sehr bekannt und häufig zitiert wurde die funktionale Klassifikation der US-amerikanischen Städte von HARRIS (1943). Er stellt fest, dass zwar alle größeren Städte „more or less multifunctional" seien, dass aber eine Klassifizierung aufgrund der wichtigsten Funktionen einer Stadt zu wichtigen Erkenntnissen über nationale Städtesysteme führen kann. Er verwendet als Basis seiner Typisierung die **Zensusdaten der Beschäftigungsstatistik** (erhoben am Arbeitsplatz) und ergänzt sie durch **Volkszählungsdaten über die Erwerbstätigkeit** der Wohnbevölkerung. Als Resultat publiziert er anhand von Daten der 1930er Jahre eine Typisierung von 988 Städten mit mehr als 10.000 Einwohnern, die zu 605 funktionalen Einheiten (Stadtregionen) und diese wiederum zu 9 Typen zusammengefasst werden (manufacturing cities, retail centers, diversified cities, wholesale centers, transportation centers, mining towns, university towns, resort and retirement towns).

Städtetypisierung nach de Lange

Einen Überblick über Gemeinde- und Städtetypisierungen in Deutschland nach dem Zweiten Weltkrieg gibt DE LANGE (1980, S. 21 ff.). Er nennt das „Anliegen der Gemeindetypisierung ... ein klassisches Problem der Geographie"; „der Forschungsansatz einer Städtetypisierung" besitze „eine lange Tradition" (DE LANGE 1980, S. 23). DE LANGE selbst publizierte 1980 eine Städtetypisierung von Nordrhein-Westfalen auf der Basis von **Volkszählungsdaten** von 1961 und 1970. Er führt die Typisierung mit Hilfe von **multivariaten Faktoren- und Clusteranalysen** durch und erhält als Ergebnis komplexe funktionale Stadttypen, wie z. B. „Dienstleistungs- und Verwaltungszentren" (Münster, Bonn), „Industrie- und Dienstleistungsmetropolen" (Köln, Düsseldorf, Essen), „durch Bergbau geprägte Industriestädte des Ruhrgebiets" (Oberhausen, Gelsenkirchen, Herne), „Industriestädte mit Elektroindustrie" (Wipperfürth, Porz), „Kur- und Badestädte" (Bad Salzuflen, Bad Oeynhausen), „zuzugsattraktive Wohn- und Auspendlerstädte" (Erkrath, Bensberg, Bad Honnef). Besonders wichtig erscheint der Aspekt, dass durch die **vergleichende Gegenüberstellung im 9-Jahres-Abstand** mit Hilfe der Typisierung „die **Entwicklungsdynamik eines Städtesystems**" erfasst werden konnte (DE LANGE 1980, S. 161).

3.4 Größenordnungen von Städten

Bedeutung der Stadtgröße

Seit jeher gehört es zu den wichtigsten Bestandteilen von Stadtdefinitionen, dass die Stadt eine Siedlung mit einer „gewissen Größe" ist bzw. dass eine Siedlung eine **Minimalgröße** (gemessen an der Einwohnerzahl) aufweisen muss, um als Stadt bezeichnet werden zu können (vgl. 2.1.3). Dabei treten in aller Regel die **Charakteristika einer Stadt** umso deutlicher auf, je größer die Bevölkerungszahl ist. Aus diesem Grund sagt die Typisierung von Städten nach ihrer Größe wesentlich mehr aus als nur die Einordnung in bestimmte Größenklassen; sie bietet darüber hinaus auch Hinweise auf jeweils **typische städtische Strukturen und Funktionen**. FASSMANN (2004, S. 63) weist darauf hin, dass mit der Einwohnerzahl einer Stadt ihr **funktionaler Bedeutungsüberschuss** sowie der **Grad ihrer Urbanität** im soziologischen Sinn korrelieren, auch wenn dieser Zusammenhang nicht strikt linear ist.

3.4.1 Landstadt, Kleinstadt

Merkmale einer Landstadt

In der amtlichen deutschen Statistik wurden jahrzehntelang alle Gemeinden mit einer Einwohnerzahl ab 2000 Einwohnern als Städte gezählt. Eine Stadt der kleinsten Kategorie mit **2000 bis unter 5000 Einwohnern** wurde als Landstadt bezeichnet. Siedlungsgeographisch betrachtet handelt es sich um kleine städtische Siedlungen im ländlichen Raum, die in der Regel **zentralörtliche Funktionen unterer Stufe** für ländliche Siedlungen ihres Nahbereichs erbringen. Vor dem Zweiten Weltkrieg gehörten in diese Kategorie häufig **Ackerbürgerstädte**. Diese waren früher in Europa weit verbreitet, hatten meist eine geringe zentralörtliche Bedeutung sowie gewerbliche Entwicklung und einen relativ hohen Anteil an Landwirten – oft mit Sonderkulturanbau – an ihrer Bevölkerung. Zu dieser Gruppe gehören meist auch die sog. **Zwerg- oder Minderstädte**. Diese Bezeichnung wurde für stadtähnliche Siedlungen geprägt, die zwar das Stadtrecht besitzen (vgl. 2.1.1), denen aber bestimmte Funktionen voll ausgebildeter Städte fehlen. In der Regel handelt es sich hierbei um historische Stadtgründungen eines Landesherrn, die sich nicht im erwünschten Ausmaß entwickelten. In Deutschland gibt es derzeit mehrere dieser Stadtrechts-Städte mit nur wenigen hundert Einwohnern.

Frühere Merkmale einer Kleinstadt

Als Kleinstadt zählte die deutsche Gemeindestatistik früher Städte mit **5000 bis unter 20.000 Einwohnern**. Für die Stadtgeographie ist diese rein statistische Typenabgrenzung wegen **großer regionaler und funktionaler Differenzierungen** wenig aussagekräftig. Generell gilt für den Typ Kleinstadt im geographischen Sinn, dass sie zwar nach Physiognomie und Funktionen, nach der Wirtschaftsstruktur sowie der Erwerbs- und Sozialstruktur der Bevölkerung die **Charakteristika einer Stadt** aufweist, jedoch nur **in schwacher bis mittlerer Ausprägung**. Typisch sind die Konzentration von Geschäfts- und Dienstleistungsfunktionen – die meist zentralörtliche Aufgaben unteren bis mittleren Niveaus erfüllen – in nur einem Zentrum, das aber noch nicht echten City-Charakter aufweist.

Neuere Entwicklung von Kleinstädten

Allerdings sind in neuerer Zeit auch Kleinstädte in starkem Maße von der Verlagerung derartiger Funktionen an den Stadtrand betroffen (Dienstleistungssuburbanisierung; vgl. 2.4.1.3; 3.2.2). Vielfach haben sich daher **zwei Geschäftszentren** entwickelt: eines mit kleineren Spezialgeschäften und Handwerkern **im historischen Stadtzentrum** und eines mit großflächigem Einzelhandel, in der Regel mit Filialbetrieben nationaler Ketten, **am Stadtrand** oder sogar **im Stadtumland**. Eine weitere Veränderung gegenüber den Kleinstadt-Untersuchungen von GRÖTZBACH (1963) wurde durch die **Gebietsreformen der 1970er Jahre** in den meisten westdeutschen Bundesländern (und seit den 1990er Jahren in Ostdeutschland) hervorgerufen. Durch die **Eingemeindung** ehemals politisch selbstständiger ländlicher Siedlungen in Kleinstädte bzw. die Bildung ländlicher Großgemeinden mit Kleinstadtgröße durch **verwaltungsmäßige Zusammenlegung von Dörfern** existiert in einigen Bundesländern, z. B. in Nordrhein-Westfalen, **keine direkte Korrelation mehr zwischen Stadttyp und Einwohnerzahl** (vgl. 2.1.3). Man muss also, um diesen Zusammenhang wieder herzustellen, von der politischen (und statistischen) Einheit Gemeinde abstrahieren und die geographische bzw. morphologische Einheit Stadt betrachten.

3.4.2 Mittelstadt

Merkmale

Als Mittelstadt wurde früher in der deutschen Gemeindestatistik eine Stadt mit **20.000 bis unter 100.000 Einwohnern** bezeichnet. Andere Quellen gehen von unterschiedlichen Größenordnungen aus; so bezeichnet KÜHN (1969, S. 11) Städte mit 50.000 bis 250.000 Einwohnern als Mittelstädte und nennt als Beispiele für „kleinere" Fulda und Neu-Ulm, für „größere" Mittelstädte Braunschweig und Augsburg. Er weist zu Recht darauf hin, dass **groß, mittel und klein** in Bezug auf Städte **relative Begriffe** sind, **deren Bedeutung** im Lauf der Zeit und von Land zu Land **variieren kann**.

Im Gegensatz zur Klein- und zur Großstadt ist die Mittelstadt als Begriff weniger im allgemeinen Sprachgebrauch verwurzelt. Generell kann man – bei allen unterschiedlichen Meinungen bezüglich der Größenordnungen – davon ausgehen, dass eine Mittelstadt nach Physiognomie und Funktionen und nach der Bevölkerungsstruktur **alle Merkmale einer voll ausgebildeten Stadt** aufweist und sich dadurch von vielen Kleinstädten unterscheidet. Im zentralörtlichen Gefüge handelt es sich um ein **Mittel- bis Oberzentrum**. Im Gegensatz zur Kleinstadt ist eine deutliche **räumliche Differenzierung in funktionale Stadtviertel** (vgl. 3.1.2) sowie die Ausbildung einer **innerstädtischen Hierarchie der Versorgungszentren** zu beobachten (City, Subzentren; vgl. 3.2.2), jedoch ist auch die Tendenz zur Entwicklung von Dienstleistungs-, insbesondere Einzelhandelszentren am Stadtrand und im suburbanen Raum meist deutlich ausgeprägt.

Aufgabe als Innovationzentren/ Wachstumspole

In der Raumordnung und Landesplanung fanden Mittelstädte seit jeher besondere Beachtung. Sie haben in vielen **Landesentwicklungsprogrammen** die Aufgabe zugewiesen bekommen, als Innovationszentren und Wachstumspole für die **wirtschaftliche und infrastrukturelle Entwicklung des umliegenden ländlichen Raumes** in ihrem mittel- bis oberzentralen Einzugsbereich zu dienen (vgl. 2.5.1.2). HARTKE (1984, S. 415) nennt die Mittelstädte in diesem Zusammenhang **„wichtige Träger endogener Entwicklungsstrategien"**. Andererseits wurden sie in wirtschaftsstarken Wachstumsregionen häufig als Alternative zur Metropolregion im Sinne einer dezentralen Konzentration gesehen. Nach GATZWEILER (1993, S. 175) ist die Frage „Metropolen oder Mittelstädte?" von „grundsätzlicher raumordnungs- und städtebaupolitischer Relevanz"; Mittelstädte seien unter der Voraussetzung einer dezentralen Raumentwicklung die optimalen Siedlungs- und Wirtschaftsräume, da sie die Vorteile von Metropolen und des ländlichen Raumes vereinigten, ohne deren Nachteile aufzuweisen.

3.4.3 Großstadt

Merkmale

In Deutschland und in vielen anderen Ländern werden sowohl in der Statistik als auch im allgemeinen Sprachgebrauch seit langem Städte mit **100.000 Einwohnern und mehr** als Großstädte bezeichnet. Geographisch ist diese Definition wegen der großen Unterschiede zwischen einzelnen funktionalen Typen von größeren Städten, vor allem auch wegen des unterschiedlichen Ausmaßes von Eingemeindungen, wenig aussagekräftig. Wie oben dargelegt, besteht in der Fachliteratur und in der Planungspraxis insbesondere in der Frage keine einheitliche Meinung, wo aus Sicht der Stadtforschung die **Grenze zwischen Mittel- und Großstadt** zu ziehen ist. Generell wird heute eine multifunktionale Stadt mit ausgeprägter sozialer Schichtung und Heterogenität der Bevölkerung, mit einer vielfältigen Wirtschaft in den Bereichen des sekundären und des tertiären Sektors, mit voll ausgebildeten oberzentralen Funktionen, mit einer deutlich ausgeprägten City und einer kräftigen Subzentrenentwicklung in den Vororten als Großstadt bezeichnet. Der Schwellenwert für die Einwohnerzahl kann dabei evtl. unter der erwähnten 100.000-Grenze liegen (z.B. in dünn besiedelten Räumen), wird aber zumindest im europäisch-nordamerikanischen Kulturkreis in der Regel diese Grenze überschreiten.

Relativierung des Größenbegriffs

Für die Großstadt gilt daher – ebenso wie für Klein- und Mittelstadt –, dass der Größenbegriff zu relativieren ist. So weist Pfeil (1972, S. 4f.) darauf hin, dass **1887**, als der Internationale Statistikerkongress die 100.000-Einwohner-Grenze festlegte, die **Kleinstadt** die damals **„normale" Stadt** gewesen sei. Der Begriff **Großstadt** mit einer fixen Einwohnergrenze sei für die damaligen Sonderfälle **überragend großer Städte** festgelegt worden. Pfeil (1972, S. 5) zitiert Untersuchungen, nach denen **um 1600** Städte mit **15.000 Einwohnern** als Großstädte galten; zum Ende der agrargesellschaftlichen Zeit um **1790** lag die Grenze bei **20.000 Einwohnern**; zur Zeit der Industrialisierung **um 1840** stieg sie auf **40.000 Einwohner** an. Für die Gegenwart kann man verallgemeinernd feststellen, dass sich vor allem die Aussagen zur innerstädtischen Differenzierung und Gliederung (vgl. 3.1) und zu innerstädtischen Zentren- und Standortsystemen (vgl. 3.2) in vollem Umfang nur auf Großstädte beziehen. Außerdem ist es, zumindest bezüglich des Siedlungssystems in Europa und Nordamerika, **typisch für Großstädte**, dass sie deutlich **ausgeprägte Stadt-Umland-Beziehungen** aufweisen (vgl. 2.4). D.h. der großstädtische Siedlungscharakter endet nicht an der Grenze der politischen Gemeinde, sondern als typisches Kennzeichen moderner Großstädte hat sich ein Agglomerationsraum mit einer suburbanen Zone im Umland der Kernstadt ausgebildet (vgl. 2.4.5).

3.4.4 Millionenstadt, Weltstadt, Metropole

Begriffsdifferenzierung

Die Bezeichnung Millionenstadt spricht für sich: Es handelt sich um eine Großstadt mit **mindestens einer Million Einwohnern**. Bei internationalen Vergleichen ist zu beachten, dass häufig großstädtische Verdichtungsräume dieser Größenordnung ebenfalls als Millionenstädte bezeichnet werden, unabhängig von der evtl. geringeren Einwohnerzahl der Kernstadt. **Anfang bis Mitte des 20. Jahrhunderts**, als Millionenstädte weltweit noch eher gering verbreitet waren und überwiegend Hauptstädte der europäischen Staaten diese Größe erreichten (z.B. London, Paris, Wien, Berlin), kam auch die Bezeichnung **Weltstadt als Synonym für Millionenstadt** in Gebrauch. Mit dieser Bezeichnung sollte angedeutet werden, dass es sich um eine Großstadt in herausgehobener Position, mit übernationalen sozio-ökonomischen Beziehungen und Verflechtungen und entsprechenden Funktionen in den Bereichen Wirtschaft, Gesellschaft, Kultur und Kunst, meist auch in der Politik handelt. In der Regel spielte auch die historische Bedeutung der Stadt eine Rolle. In den letzten Jahren hat sich ein gewisser **Bedeutungswandel der Begriffe** eingestellt. Die Bezeichnung Weltstadt wird heute vor allem im **sozio-kulturellen und kulturhistorischen Sinn** gebraucht, daneben auch als imagefördernder Begriff im Stadtmarketing, z. B. in der Tourismuswerbung (Slogan „München – Weltstadt mit Herz"). Im übertragenen Sinn – Stadt als politisch-ökonomisches Steuerungszentrum in der globalisierten Weltwirtschaft – kam es in der Fachliteratur stattdessen zur Einbürgerung des Begriffs **global city** (vgl. 2.5.2.2).

Die Bezeichnung Metropole, auch Metropolis, Metropolregion oder Metropolitan Area, wird in der Fachliteratur ebenfalls unterschiedlich gebraucht und nicht immer eindeutig definiert. Der Begriff wird seit langem in der US-amerikanischen Statistik verwendet und neuerdings auch in der EU bzw. in Deutschland. Hier dient er zur Kennzeichnung großstädtischer Agglomerationsräume mit ihrem weiteren Umland zum Zwecke der Raumordnung, Landesplanung und speziell der Wirtschaftsförderung (vgl. 2.4.5.2).

Metropole/ Metropolisierung

Generell ist Metropole die Bezeichnung für die **Hauptstadt** eines Landes, besonders wenn diese das politische, wirtschaftliche, kulturelle und gesellschaftliche Zentrum darstellt. **Bundesstaaten** wie Deutschland, die Schweiz oder auch die USA weisen in der Regel keine eindeutige Metropole auf, da hier die entsprechenden **Funktionen auf mehrere Städte verteilt** sind; dagegen besitzen insbesondere **zentralistisch regierte Staaten** sowie viele Entwicklungsländer eine alle anderen Großstädte an Einfluss und Bedeutung weit überragende **Metropole** wie London, Paris, Athen, Teheran, Lagos, Buenos Aires u. a. Gelegentlich wird der Begriff auch mit dem der **Primatstadt** gleichgesetzt (vgl. 2.5.2.1). Als Metropolisierung bezeichnet man die Entwicklung einer die anderen Städte eines Landes an Größe und Bedeutung weit überragenden und stetig wachsenden Metropole. Besonders in vielen **Entwicklungsländern** lässt sich seit Jahren ein **starker Metropolisierungsprozess** beobachten. Vielfach ist dort die politische Hauptstadt durch starke Land-Stadt-Wanderung und Konzentration der wirtschaftlichen Entwicklung auf die Hauptstadtregion zur Metropole herangewachsen, und ihr Abstand bezüglich Bevölkerungszahl und Wirtschaftskraft zu den übrigen Städten und insbesondere zum ländlichen Raum wird immer größer. Einige Metropolen sind auf diese Weise zu Megastädten herangewachsen (vgl. 3.4.5). Den sog. **Metropolisierungsgrad eines Landes** misst man als Anteil der Einwohner, die in der Metropole wohnen.

3.4.5 Megastadt

Begriffswandel

Der Begriff Megastadt (englisch Megacity oder Megalopolis) wurde zunächst für die **großflächig verstädterte Zone an der Ostküste der USA** zwischen Washington D.C. und Boston verwendet, die durch eine Häufung von Großstädten, Industrie- und Gewerbestandorten und Verkehrsanlagen mit intensiven sozio-ökonomischen Verflechtungen gekennzeichnet ist (vgl. GOTTMANN 1961). Heute hat sich Megastadt als Bezeichnung für **monozentrische Groß- bzw. Millionenstadt-Agglomerationen** der höchsten Einwohnergrößenkategorie – **ab etwa fünf Millionen** mit einer Dichte von **mehr als**

2000 Einwohnern pro km² – eingebürgert (vgl. BRONGER 2004, S. 19). Das Entstehen derartiger „Riesenstädte“ („Megalopolisierung“) ist als Phänomen des späten 20. bzw. frühen 21. Jahrhunderts **weitgehend auf die Entwicklungsländer begrenzt**, gehört aber gegenwärtig zu deren wichtigsten bevölkerungs- bzw. siedlungsgeographischen Erscheinungen – und Problemen (vgl. BRONGER 1989; 1996; 1997). Während bis zum Zweiten Weltkrieg nur fünf Megastädte – und nur in industrialisierten Ländern – existierten (Tokio, New York, London, Paris, Osaka-Kobe), begann vor allem seit den 1960er Jahren das rasante Wachstum der Metropolen in den Entwicklungsländern, die mit für europäische Verhältnisse kaum vorstellbarer Beschleunigung zu Megastädten anwuchsen. Inzwischen zählen **weltweit 24 Megastädte** jeweils mehr als 10 Mio. Einwohner, darunter nur drei in den altindustrialisierten Ländern (New York, Tokio, Osaka) und keine in Europa (vgl. HEINEBERG 2001, S. 34f.).

Rang	Einwohner in Millionen (1950)		Einwohner in Millionen (2015)	
1	New York	12,338	Tokio	36,214
2	Tokio	11,275	Bombay (Mumbai)	22,645
3	London	8,361	Delhi	20,946
4	Paris	5,424	Mexico City	20,647
5	Moskau	5,356	São Paulo	19,963
6	Shanghai	5,333	New York	19,717
7	Rhein-Ruhr	5,295	Dhaka	17,907
8	Buenos Aires	5,041	Jakarta	17,498
9	Chicago	4,999	Lagos	17,036
10	Kalkutta (Kolkata)	4,446	Kalkutta	16,798
11	Osaka-Kobe	4,147	Karatschi	16,155
12	Los Angeles	4,046	Buenos Aires	14,563
13	Peking	3,913	Kairo	13,123
14	Mailand	3,633	Los Angeles	12,904
15	Berlin	3,337	Shanghai	12,666

Abb. 3.11: Megastädte 1950 und 2015 (WAGSCHAL 2007 nach Statistiken und Prognosen der UN).

Entwicklungsprognose

Wie Abbildung 3.11 zeigt, werden nach den Bevölkerungsprognosen der Vereinten Nationen im Jahr 2015 **12 der 15 größten Städte der Welt in Entwicklungsländern** liegen. Andere Quellen zitieren teilweise unterschiedliche Statistiken, so wird 2015 mit **Bombay (27,4 Mio.)** als vermutlich größter Megalopole gerechnet (HEINEBERG 2001, S. 34). Hier spielt natürlich auch die Tatsache eine Rolle, dass in verschiedenen Statistiken von unterschiedlichen räumlichen Umgriffen der betreffenden großstädtischen Agglomerationen ausgegangen wird.

Entstehung in Entwicklungsländern

Die Ursache für das enorme Wachstum der Megastädte gerade in den Entwicklungsländern hängt selbstverständlich mit deren **grundsätzlich anderer Bevölkerungsentwicklung** im Vergleich zu den Industriestaaten zusammen. In den letzteren, vor allem in Europa, gibt es aufgrund der demographischen

Entwicklung kaum mehr ein natürliches Wachstum der Bevölkerung – vielfach sogar ein Schrumpfen – und die Land-Stadt-Wanderung, die im 19. und zu Beginn des 20. Jahrhunderts für rasches Städtewachstum sorgte, ist weitgehend zum Stillstand gekommen. Regional wird sogar eine gewisse Stadt-Land-Wanderung festgestellt („counterurbanization"; vgl. 2.3.5). Umgekehrt ist heute die Situation in fast allen Entwicklungsländern. Hier nimmt die Stadtbevölkerung noch durch **hohe Geburtenüberschüsse** zu; vor allem aber führt die Land-Stadt-Wanderung, bei der es sich im wahrsten Sinne des Wortes wirklich um eine **„Landflucht"** handelt (STEWIG 1983, S. 104), zu raschen Bevölkerungsverlagerungen in die Städte und hier wiederum hauptsächlich in die Metropolen, die dadurch zu Megastädten anwachsen (vgl. 2.3.3).

Städtewachstum

Das Städtewachstum vollzieht sich in doppelter Weise: einerseits durch **Verdichtung der Wohnbevölkerung in den Innenstädten**, andererseits durch **flächenhaftes Wachstum nach außen**. Da weder die finanziellen noch die planerischen Ressourcen der Städte bzw. der Staaten ausreichen, um das Wachstum der Megastädte zu steuern und in geordnete Bahnen zu lenken, vollzieht es sich größtenteils in Form von **Hütten- und Marginalsiedlungen**. Nach HEINEBERG (2001, S. 35) leben inzwischen **40–50 %** der Bewohner von Megastädten in Entwicklungsländern in **innerstädtischen Slums** und in **Hüttensiedlungen am Stadtrand**. Als besonders wichtiges Kennzeichen dieser Megastädte sieht BRONGER (2004) die Tatsache, dass sie die wirtschaftlichen, sozialen und infrastrukturellen Disparitäten zwischen Industrie- und Entwicklungsländern einerseits, aber auch innerhalb der Gesellschaften der Entwicklungsländer besonders deutlich zeigen. „Die **Polarisierung der Gesellschaft** ist in allen Megastädten der Erde am weitesten fortgeschritten." (BRONGER 2004, S. 156). Erläutert wird dies am Beispiel der indischen Stadt Mumbai/Bombay, der „Stadt der Dollarmilliardäre und ‚pavement dwellers'" (BRONGER 2004, S. 162).

Umweltbelastungen

Die enormen Umweltbelastungen, welche die Megastädte mit sich bringen, betreffen nicht nur deren Slumbewohner, sondern die Agglomerationen als Ganzes und letztendlich die betreffenden Staaten insgesamt. Zu nennen sind hier überblicksmäßig die **mangelhafte Versorgung mit sauberem Trinkwasser** und die dadurch hervorgerufenen Infektionskrankheiten, das **Fehlen einer geordneten Abwasser- und Müllentsorgung**, die **Luftverschmutzung** durch das Verbrennen von Holz und Abfällen und durch die Abgase der in Dauerstaus stehenden Autos (mangels geeigneter Systeme öffentlicher Verkehrsmittel), das **Abholzen der Wälder** im weiten Umkreis um die Städte zur Gewinnung von Bau- und Brennholz sowie der **Ausbruch von Seuchen** durch den Mangel jeglicher Hygiene. Als politisch-gesellschaftliches Problem ist – neben den extremen sozialen Unterschieden – vor allem die hohe Kriminalitätsrate zu nennen. Die Vereinten Nationen betrachten die **Megastädte als eines der größten Probleme des 21. Jahrhunderts** (UNITED NATIONS 2006).

3.5 Stadtstruktur

Begriffsklärung

Unter Struktur versteht man allgemein den inneren Aufbau, das Bezugs- und Regelsystem einer komplexen Einheit. Eine Übertragung des Strukturbegriffs auf städtische Siedlungen bedeutet also, dass mit Stadtstruktur die **innere Differenzierung und Gliederung der Stadt** gemeint ist unter Einbezug von Grund- und Aufriss, von Funktionsverteilungen, Flächennutzungsstrukturen und Standortsystemen. Neben der **baulichen** und der **ökonomischen Komponente** spielen insbesondere die **räumliche Verteilung** und die **Sozialstruktur der Bevölkerung** mit Differenzierungs- und Segregationseffekten eine wichtige Rolle. Mit dem Begriff der Stadtstruktur werden also die Aspekte zusammengefasst und zueinander in Beziehung gesetzt, die in den Kapiteln 3.1 – 3.4 im Einzelnen behandelt worden sind. Die umfangreichsten Analysen der Literatur zum Thema Stadtstruktur bis in die 1970er bzw. bis Ende der 1980er Jahre bieten die Forschungsberichte von KORCELLI (1975) und HOFMEISTER (1991).

3.5.1 Stadtstrukturmodelle

Forschungsansätze

Neben der Untersuchung der individuellen Struktur einzelner Städte sind Stadtforscher seit Langem bestrebt, **Regelhaftigkeiten** und **allgemein gültige Ordnungsprinzipien** aufzudecken und idealtypische Stadtstrukturmodelle zur Beschreibung des inneren Gefüges von Städten zu entwickeln, da die innerstädtischen Strukturmuster offensichtlich nicht zufällig und willkürlich entstanden sind. Derartige Stadtstrukturmodelle wurden teils **deduktiv** ausgearbeitet, d. h. von übergeordneten Theorien abgeleitet, teils **induktiv**, d. h. aus der Beobachtung realer städtischer Strukturen, erstellt. Zu unterscheiden sind außerdem Modelle, die sich – ohne regionalen Bezug – um **Allgemeingültigkeit** bemühen, sowie Modelle für **regionaltypische Stadtstrukturen** (vgl. 3.5.2). KORCELLI (1975, S. 99) und HOFMEISTER (1991, S. 45) gliedern die existierenden Modelle nach ihren Grundansätzen in sechs Gruppen:

- sozialökologische und sozialraumanalytische Modelle,
- Transportkosten-, Bodenmarkt- und Flächennutzungsmodelle,
- Bevölkerungsdichtemodelle,
- Intraurbane Funktional- und Interaktionsmodelle,
- Modelle zentralörtlicher Netztheorie,
- Intraurbane Diffusionsmodelle.

Ansatz der Sozialökologie

Nach ersten Versuchen der Modellbildung zu Beginn des 20. Jahrhunderts gewannen nach dem Ersten Weltkrieg drei Stadtstrukturmodelle große Bedeutung, die der **„Chicagoer Schule"** amerikanischer Soziologen entstammten. Diese Wissenschaftlergruppe an der Universität Chicago – insbesondere E. W. Burgess, R. D. McKenzie und R. E. Park – konzipierte den bis heute bedeutenden Forschungsansatz der **Sozialökologie** (social ecology), der sich zu einem wichtigen theoretischen Ansatz in der soziologischen und sozialgeographischen Stadtforschung entwickelte. Die Stadt wird hierbei als **Agglomeration unterschiedlicher sozialräumlicher Einheiten** gesehen, in denen jeweils bestimmte Bevölkerungsgruppen wohnen bzw. Nutzergruppen Flächen in Anspruch nehmen. Die Standorte der einzelnen Gruppen (z. B. Wohnbevölkerung, Unternehmen, Industriebranchen) entwickeln und verändern sich im Verlauf von **Konkurrenzkämpfen**, wobei Boden- und Mietpreise eine große Rolle spielen (vgl. 3.1.4). Die attraktivsten Standorte werden von denjenigen Nutzern besetzt, die wirtschaftlich am stärksten sind. Nach dieser an Darwins These vom „Kampf ums Dasein" angelehnten Auffassung besteht die Hauptaufgabe der städtischen Gesellschaft darin, als Korrektiv zu wirken und den Wettbewerb einer **sozialen Kontrolle** zu unterziehen.

Die drei im Folgenden vorgestellten Arbeiten gelten auch nach Jahrzehnten als **Meilensteine auf dem Weg zur Modellbildung** bei Studien zur Stadtstruktur und Stadtentwicklung und haben bis in die Gegenwart viele weiterführende Arbeiten zur Stadtforschung beeinflusst (vgl. Stewig 1983, S. 232 ff.; Hofmeister 1991, S. 44 ff.; Hofmeister 1999, S. 148 ff.; Heineberg 2001, S. 101 ff.; Fassmann 2004, S. 139 ff.).

Ringmodell

Burgess (1925) publizierte das Ringmodell (z. T. auch Kreismodell oder Ringtheorie genannt) zur Stadtstruktur und Stadtentwicklung aufgrund von **empirischen Untersuchungen in Chicago**. Dieses Modell des Wachstums der Stadt (und der sich dadurch bildenden Strukturen) in konzentrischen Kreisen bildet in idealtypischer Weise die **US-amerikanische Großstadt der Zeit zwischen den Weltkriegen** ab (vgl. Abb. 3.12). Es hat jedoch in entsprechenden Abwandlungen seine Gültigkeit auch für Städte in anderen Kulturkreisen und bis in die Gegenwart erwiesen.

Die Stadt ist in **konzentrische Ringe um das Hauptgeschäftszentrum** (City, Central Business District) gegliedert, und das Wachstum der Stadt er-

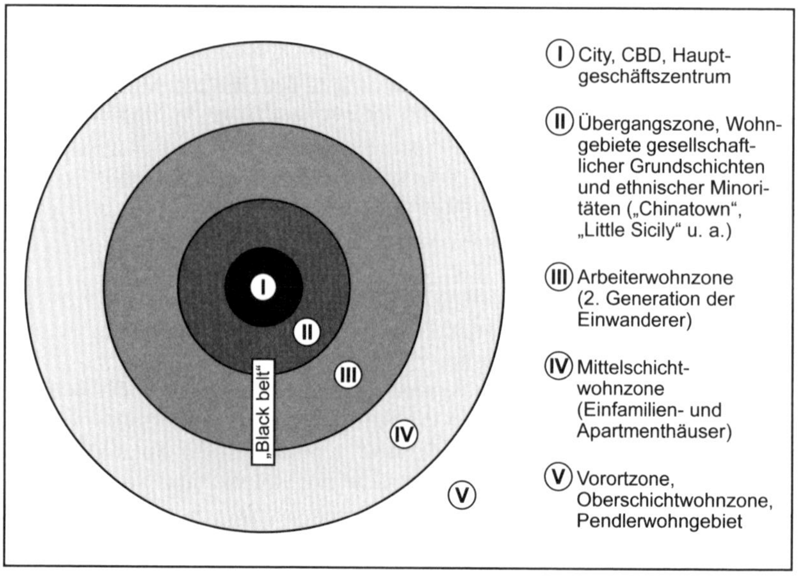

Abb. 3.12: Stadtstrukturmodelle: a) Das Ringmodell nach E. W. Burgess (nach Burgess 1925 und Heineberg 2001).

folgt von innen nach außen. Der **erste Ring** stellt somit eine **Übergangszone** dar, in die sich die City bei entsprechenden Wachstumstendenzen erweitert. Da hier die Wohnfunktion langsam verdrängt wird, investieren die Hauseigentümer nicht mehr in den Erhalt und die Sanierung von Wohnungen, so dass sich in minderwertig ausgestatteten Altbauten **slumartige Viertel** einkommensschwacher Bevölkerungsgruppen entwickeln (Minoritäten, gesellschaftliche Randgruppen, Einwanderer). Die ursprünglich dort wohnende Arbeiterbevölkerung mit besserem Einkommen und gewachsenen Ansprüchen an die Wohnqualität weicht in den **zweiten Ring** aus, so dass sich eine **Facharbeiter-Wohnzone** entwickelt. Der **dritte Ring** beherbergt im Wesentlichen gut situierte **Mittelschichtbevölkerung**, die in Einfamilienhaus-Gebieten mit lokalen Einkaufszentren wohnen. Als **vierter Ring** schließt sich in der Vorortzone das Pendlerwohngebiet der **Oberschichtbevölkerung** an, d. h. derjenigen Einwohner, die sich größere Grundstücke und längere Pendlerdistanzen leisten können. Der Zuzug in diese Zone wurde später als Suburbanisierung bezeichnet (vgl. 2.4.1).

Sektorenmodell

Einen Gegenentwurf zum Ringmodell stellt das von HOYT (1939) entworfene Sektorenmodell dar (vgl. Abb. 3.13). Man findet in der Fachliteratur teilweise auch die Bezeichnung Sektorentheorie. Sie basiert auf **empirischen Untersuchungen zur Höhe der Mietpreise** in 142 US-amerikanischen Städten, wobei die Lage der Mittel- und Oberschichtwohnviertel im Zentrum des Interesses stand. Ausgangspunkt von Veränderungen und Agens bei der Gliederung der Stadt ist nach HOYT nicht die Entwicklung der City, sondern der **Einfluss großer Verkehrsachsen** (Straßen, Eisenbahnlinien) und vor allem das **Wohnstandortverhalten** der einkommensstarken und **statushohen Bevölkerungsgruppen** (vgl. FRIEDRICHS 1983, S. 108). Diese tendieren dazu, innerhalb von Sektoren zentrifugal bis in die Vorortzone nach außen zu wandern, wenn Gruppen mit niedrigerem Status in ihre Wohnviertel ein-

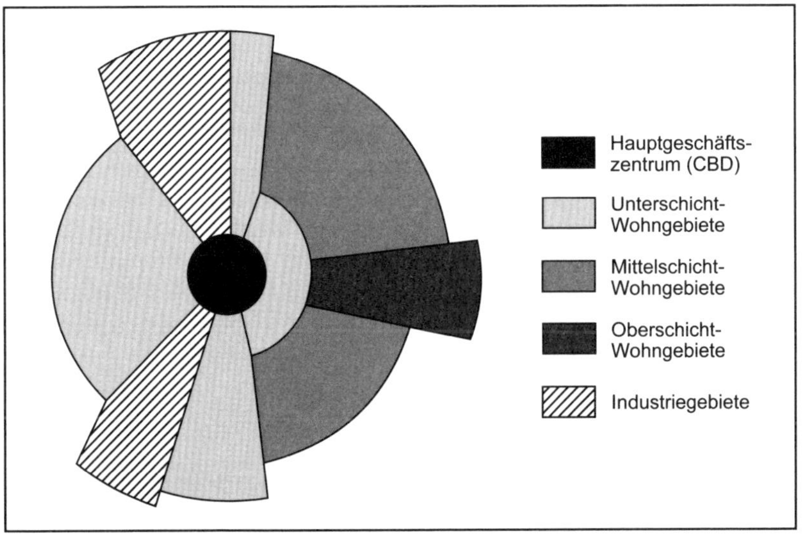

Abb. 3.13: Stadtstrukturmodelle: b) Das Sektorenmodell nach H. HOYT (nach HOYT 1939 und FASSMANN 2004).

dringen. Neben **Distanzaspekten** (ausgedrückt durch die konzentrischen Kreise, die auch hier eine gewisse Rolle spielen) berücksichtigt Hoyt also auch **Richtungsaspekte**, die sich in den Sektoren finden. Der Einfluss von Verkehrs- und Transportwegen, die in die Stadt hineinführen, zeigt sich vor allem bei der **Lage der Industrie- und Gewerbegebiete**, deren Bedeutung bei Burgess nicht berücksichtigt wurde.

Mehrkernemodell

Als drittes „klassisches" Modell gilt das Mehrkernemodell („multiple nuclei theory") von Harris und Ullman (1945; vgl. Abb. 3.14). Es weist einen **höheren Grad an Differenzierung** als die Modelle von Burgess und Hoyt auf und ist weniger auf die Stadtentwicklung als auf die **innerstädtischen Strukturen** bezogen. Es berücksichtigt in höherem Maße die **Standorte von Industrie und Gewerbe**; allerdings wird der Begriff des Kerns („nucleus") nicht klar definiert. Vor allem Standortschwerpunkte des tertiären, daneben auch des sekundären Sektors werden darunter verstanden. Bezüglich der Verteilung der Bevölkerung sehen auch Harris und Ullman einen **Zentrum-Peripherie-Gradienten** von Unter- und Mittelschicht-Wohngebieten um die City – daneben in der Nachbarschaft der Industriegebiete – zu Oberschichtvierteln in lockerer bebauten Gebieten am Stadtrand und in der suburbanen Zone. Insgesamt wird das Mehrkernemodell der Realität häufig vorkommender „mehrkerniger" Stadtstrukturen eher gerecht als die vorher genannten Modellvorstellungen (Heineberg 2001, S. 106 f.).

Praxisbezug der Modelle

Die drei Modelle wurden in der Folgezeit häufig als **zu realitätsfern kritisiert**. Hierbei übersah man jedoch oft, dass sowohl Struktur- als auch Entwicklungsmodelle naturgemäß einen **hohen Abstraktionsgrad** aufweisen müssen und die Konstruktion eines Modells ein anderes Ziel verfolgt als die bloße Abbildung der Realität einer individuellen Stadt. Andererseits gelang es auch, einzelne Elemente und Grundgedanken der drei Modelle zur Erklärung des Aufbaues und der Entwicklung konkreter Städte, auch in anderen Kulturkreisen, heranzuziehen. So lässt sich eine **Ringstruktur in vielen historischen europäischen Städten** nachweisen, sofern man den Schwerpunkt weniger auf die Abfolge sozialräumlicher Zonen legt, sondern die Kreise eher als **„Jahresringe"** sieht, die durch das Wachstum ehemals ummauerter Städte seit der Zeit der Industrialisierung bis zur Suburbanisierung in der Gegenwart durch die Eingliederung von kreisförmig angeordneten Vororten entstanden sind. Die **Subzentren** lassen sich dann als **„Kerne"** im Mehrkernemodell interpretieren (vgl. 3.2.2). Auch die **Sektoren** im entsprechenden Modell können in vielen Städten nachgewiesen werden, so z. B. als **Gewerbeband** entlang einer Ausfallstraße, an der in das Zentrum führenden Bahnlinie oder beiderseits von schiffbaren Flüssen. Auch finden sich häufig **sektoral angeordnete bevorzugte Wohngebiete** an der landschaftlich attraktivsten Seite einer Stadt (z. B. Flussuferlage, Gebirgsrandlage).

3.5.2 Regionale Stadtstrukturtypen

Forschungsansätze

Neben modellhaften Vorstellungen von der Stadtstruktur, die auf mehr oder weniger allgemein gültigen Theorien oder Gesetzmäßigkeiten basieren, wurde versucht, **regionalspezifische Besonderheiten** der Stadtentwicklung und Stadtstruktur zu differenzieren und daraus regionale Stadtstrukturtypen

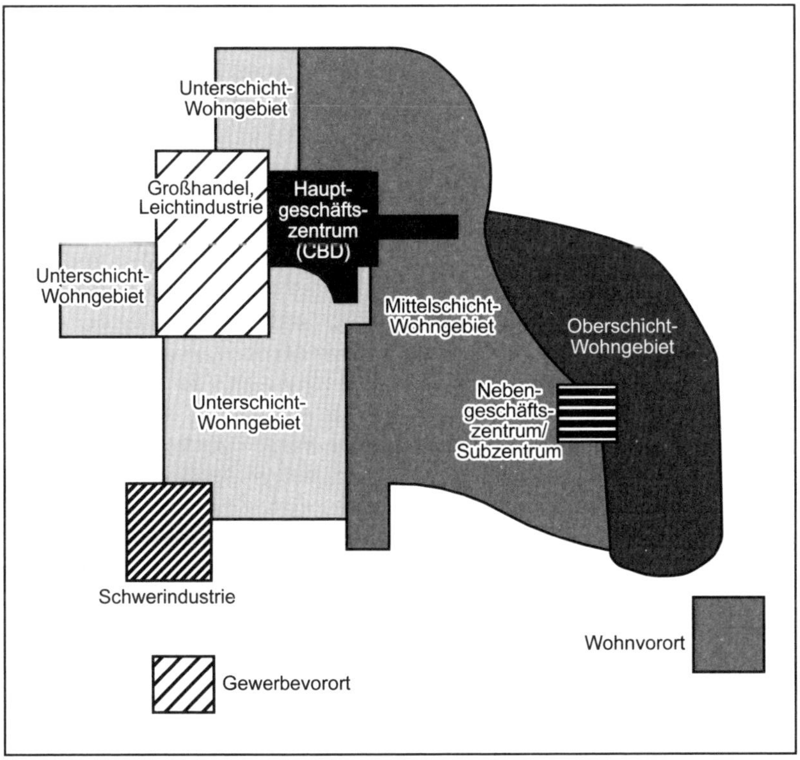

Abb. 3.14: Stadtstrukturmodelle: c) Das Mehrkernemodell nach CH. D. HARRIS und E. ULLMAN (nach HARRIS/ULLMAN 1945, SCARGILL 1979 und HEINEBERG 2001).

zu bilden. Die Grundlage für derartige interkulturelle Vergleiche von Städten stellt die **Einteilung der Erde in Kulturräume** oder **Kulturerdteile** dar, wie sie insbesondere von KOLB (1962) vorgenommen wurde. Umfangreiche Zusammenstellungen von regionalen Stadtmodellen bieten insbesondere HOFMEISTER (1991) sowie BÄHR und JÜRGENS (2005). HOFMEISTER (1991, S. 78ff.) unterscheidet bei der „Stadtstruktur im interkulturellen Vergleich" die europäische, die russisch-sowjetische, die chinesische, die orientalische (und israelische), die indische, die südostasiatische, die tropisch-afrikanische, die lateinamerikanische, die angloamerikanische, die südafrikanische, die australisch-neuseeländische und die japanische Stadt. BÄHR und JÜRGENS (2005, S. 121 ff.) kommen zu einer leicht modifizierten Gliederung „der Stadt der Gegenwart in den Kulturräumen". Im Folgenden werden beispielhaft einige dieser regionalen Stadtstrukturtypen kurz dargestellt. Verschiedene typische Aspekte tropisch- und südafrikanischer Städte wurden bereits im Kap. 3.1.3.2 behandelt.

3.5.2.1 Die west- und mitteleuropäische Stadt

Das Städtewesen im westlichen und mittleren Europa ist durch eine **sehr starke Vielfalt auf relativ kleinem Raum** gekennzeichnet, so dass es schwie- Grundlage rig ist, einen eigenen Typ zu bilden. HOFMEISTER (1991, S. 78) erwähnt die „Kleinkammerung des europäischen Raumes" und die „historische Vielschichtigkeit" als Ursachen, BÄHR und JÜRGENS (2005, S. 131 ff.) verweisen darauf, dass in der Fachliteratur modellhafte Darstellungen der Stadtstruktur und Verallgemeinerungen ganz überwiegend für kleinere Teilräume durchgeführt wurden und es sogar innerhalb Deutschlands „regionale Stadtlandschaften" gibt.

Typische Strukturelemente

Trotz dieser Einschränkungen lassen sich durchaus typische gemeinsame Strukturelemente anführen, die als charakteristisch für Städte in den meisten Teilen Europas gelten können (vgl. WHITE 1984). Hierzu gehören vor allem Merkmale, die auf die relativ lange Geschichte des Städtewesens in Europa zurückgehen, wie die **kompakte Form der Innenstadt** als Folge der Raumenge durch die historische Stadtbefestigung und das trotz aller regionaler Differenzierungen in der Regel gut erkennbare, meist durch die Stadtgründer vorgegebene **Grundrissmuster**. Wegen der starken **Persistenz der baulichen Strukturen** und des in manchen Regionen hohen Stellenwertes von Stadtbildpflege und Denkmalschutz lässt die heutige Stadt häufig noch die wirtschaftlichen und sozialen Verhältnisse, die Planungskonzepte und den Stand der technischen Infrastruktur der Entstehungs- oder Gründungszeit erkennen. Typisch ist auch – trotz aller gegenläufigen Entwicklungen durch Stadt-Rand-Wanderung und Suburbanisierung in jüngster Zeit (vgl. 3.2.2) – die **Zunahme der zentralörtlichen Bedeutung** und generell der tertiären Funktionen vom Rand zum Zentrum, verbunden in aller Regel mit einer entsprechenden Zunahme des Bodenwertes, einer Bedeutungssteigerung der City-Elemente und einer baulichen Höhenentwicklung zum Stadtkern hin.

Typische Entwicklungsmuster

Die Bodennutzung der Städte ist typischerweise stärker durchmischt und kleinräumiger untergliedert als in anderen Erdräumen. Eine **starke funktionsräumliche und soziale Segregation** entwickelte sich es vielfach erst im 20. Jahrhundert. Dazu kam als charakteristisches Kennzeichen der Siedlungslandschaft in weiten Teilen Europas im Zeitalter der Industrialisierung eine **starke Verstädterung** (vgl. 2.3.3.2) und in den letzten Jahrzehnten – vor allem nach dem Zweiten Weltkrieg – europaweit ein Trend zur **Urbanisierung stadtnaher ländlicher Räume**. Die Folge war die Auflösung des traditionellen Stadt-Land-Gegensatzes, der seit Beginn der Stadtentwicklung die Siedlungslandschaft entscheidend geprägt hatte, und die Entwicklung eines **Stadt-Land-Kontinuums**, das heute vor allem für West- und Mitteleuropa typisch ist (vgl. 2.3). Zum gleichen Trend gehört auch die verbreitete **Suburbanisierung** als Tendenz zur städtischen Dekonzentration, d.h. zur siedlungsmäßigen und funktionalen Ausbreitung der Städte in den Vorort- und Umlandbereich hinein (vgl. 2.4.1).

Typische innere Gliederung

Bezüglich der typischen inneren Gliederung der Stadt in Mittel- und Westeuropa können die Aussagen in Kap. 3. 1 und 3.2 weitgehend generalisiert werden, abgesehen von regionalen Besonderheiten. So lässt sich das Modell, das LICHTENBERGER (1972) am Beispiel von Wien erarbeitete (vgl. Abb. 3.3), mit nur geringen Änderungen verallgemeinern; WHITE (1984), STEWIG (1983) sowie BÄHR und JÜRGENS (2005) sehen die europäische Stadt durch ein Strukturmodell mit folgenden Untergliederungen charakterisiert, die sich **von innen nach außen** aneinander anschließen:

- **ausgeprägtes Zentrum** in der Altstadt mit gewerblichen Funktionen (vor allem Dienstleistungen) und gemischter Wohnbevölkerung, das **durch einen Grüngürtel** an Stelle der ehemaligen Befestigungsanlagen **begrenzt** wird;
- **stark verdichtete Wohn- und Gewerbegebiete** aus der Zeit des raschen Städtewachstums während der Industrialisierung, die durch kleinräumige Funktionsmischung, häufig durch bauliche und soziale Problemlagen und Sanierungsbedarf, aber auch durch neuere Entwicklungen gekennzeichnet sind, wie Rückzug des produzierenden Gewerbes durch Tertiärisierung sowie Aufwertung als Wohnstandorte nach erfolgter Sanierung („**gentrification**");
- **Vorortzone** – je nach Größe der Stadt in mehreren Ringen eingemeindeter ehemals selbstständiger Gemeinden – mit teilweise noch erhaltenen historischen Dorfkernen und in der Regel **deutlicher Trennung von Wohngebieten** einerseits (wiederum unterschieden nach extensiver Einzelhausbebauung und intensiver Wohnblockbebauung) **und großflächigen Industrie- und Gewerbegebieten**;
- **suburbane Zone**, in der Regel außerhalb der administrativen Stadtgrenzen, in denen sich die Stadt im Verlauf der Bevölkerungs- und Gewerbesuburbanisierung (vgl. 2.4.1) in das Umland ausdehnt;
- **Grüngürtel** diesseits oder jenseits der suburbanen Zone, der als Naherholungsgebiet, aber auch zum Zweck der baulichen Begrenzung der Stadt und zur Verbesserung des Stadtklimas angelegt und erhalten wird.

3.5.2.2 Die nordamerikanische Stadt

Typische Strukturmodelle

Seit den Stadtstrukturmodellen der Chicagoer Schule (vgl. 3.5.1) wurde mehrfach versucht, die typische nordamerikanische, insbesondere die **US-amerikanische Stadt** modellhaft darzustellen. Im deutschsprachigen Raum haben u.a. HOFMEISTER (1991), HOLZNER (1996), KLOHN (1998), ZEHNER (2001), HEINEBERG (2001), HAHN (2002) sowie BÄHR und JÜRGENS (2005) teils eigene Stadtmodelle entwickelt, teils ausführlich über solche referiert. Als typisch für die Struktur der nordamerikanischen Stadt gilt demnach Folgendes (vgl. BÄHR/JÜRGENS 2005, S. 173 ff.; Abb. 3.15):

- Den **Grundriss** bildet in der Regel ein **Schachbrettmuster**, außer dort, wo in älteren Stadtgründungen persistente Strukturen erhalten geblieben sind. Wegen des jungen Alters fast aller Städte existiert praktisch kein Denkmalschutz; die **Bausubstanz wird**, je nach den Bedürfnissen und der wirtschaftlichen Notwendigkeit, **häufig abgebrochen und neu errichtet**.
- Im **Aufriss** zeigt sich eine starke Tendenz zur **Überhöhung der City** (CBD) durch den Bau von Hochhäusern, während die Wohnviertel der **äußeren Stadtteile** durch **niedrige Einfamilienhäuser** gekennzeichnet sind.
- Die Städte besitzen eine **ausgeprägte funktionale Differenzierung**, und zwar sowohl innerhalb des CBD (z.B. Banken, Einzelhandel, Gastronomie) als auch zwischen Wohnvierteln, Gewerbegebieten („industrial parks", „office parks") und Versorgungszentren („commercial strip", „shopping mall").
- Die Wohnviertel zeigen ein **sehr hohes Maß an sozialer und ethnischer Segregation**. Der Wohnstandort wird unter den Aspekten der Boden- und

Häuserpreise, des Images eines Viertels und vor allem des Wunsches nach sozialer Homogenität gewählt. Durch die verschiedenen Formen von sozialer Diskriminierung, aber auch freiwilliger Segregation entstehen **Gettos der Unterschicht**, insbesondere der farbigen Bevölkerung, aber auch der Mittel- und Oberschicht, z. B. in Gestalt von **„gated communities"** (vgl. 3.1.3.1).

- Das absolute **Vorherrschen des Individualverkehrs** bei weitgehendem Fehlen eines öffentlichen Personennahverkehrs führte als Hauptursache zur **extensiven Suburbanisierung** in Form einer großflächigen Siedlungsentwicklung der Städte in das Umland hinein.
- Infolge der Suburbanisierung haben sich im Stadtumland **„edge cities"** entwickelt, **neue Arbeitsplatz- und Versorgungszentren**. Vor allem der Einzelhandel konzentriert sich heute weitgehend in diesen verkehrsmäßig hervorragend angebundenen neuen Zentren am Stadtrand und im Stadtumland; der **traditionelle CBD** („central business district") im Stadtzentrum **hat stark an Bedeutung verloren** und ist vielfach kaum mehr vorhanden.
- Eine **Revitalisierung der Innenstädte** fand und findet teilweise durch öffentliche Sanierungsmaßnahmen (oft als „public private partnership") und durch private Bauprojekte statt. Örtlich kommt es zu einer **„gentrification"** (Gentrifizierung) durch Zuwanderung gutsituierter Bevölkerungsgruppen in sanierte oder anstelle von ehemaligen Slums neu errichtete Wohngebiete.
- Verglichen mit Europa spielen **private Wirtschaftsinteressen** eine wesentlich größere Rolle bei der Stadtentwicklung. Ganze Stadtteile und Wohnvororte, Industriegebiete und Einkaufszentren werden von privaten Immobiliengesellschaften errichtet, **ohne** dass eine **übergeordnete kommunale Stadtplanung** wesentlichen Einfluss ausüben würde. Eine Folge dieser zunehmenden Privatisierung der Städte ist die rasche Zunahme von „gated communities" bei gleichzeitiger **Zurückdrängung des öffentlichen Raumes** (vgl. LICHTENBERGER 2002, S. 121 ff.).

Vergleich mit Kanada

Die Städte in Kanada entsprechen nur teilweise dem US-amerikanischen Modell; sie sind in mancher Beziehung **europäischer**. HELBRECHT (1996, S. 240) weist darauf hin, dass die **Innenstädte lebendiger** sind und eher europäischen Geschäftszentren ähneln. Auch ist die **ethnische Segregation weit weniger ausgeprägt** und die Tendenz zur **Suburbanisierung nicht so stark ausgebildet**.

3.5.2.3 Die lateinamerikanische Stadt

Stufen der Stadtentwicklung

Mittel- und Südamerika (das spätere Lateinamerika) war der erste außereuropäische Kontinent, der von europäischen Mächten flächenhaft kolonisiert wurde. Dementsprechend befinden sich hier die **ältesten Kolonialstädte der Neuzeit**, wobei sich die folgenden Ausführungen im Wesentlichen auf die Stadtgründungen der spanischen Eroberer beziehen. Aufgrund dieser langen Zeit des Bestandes und der Entwicklung der Städte – seit der ersten Hälfte des 16. Jahrhunderts – haben diese natürlich einen **starken Wandel** erlebt: von der **Kolonialzeit** über die Epoche der **Bildung unabhängiger Staaten** bis in die Gegenwart, als in den lateinamerikanischen Entwicklungs- und

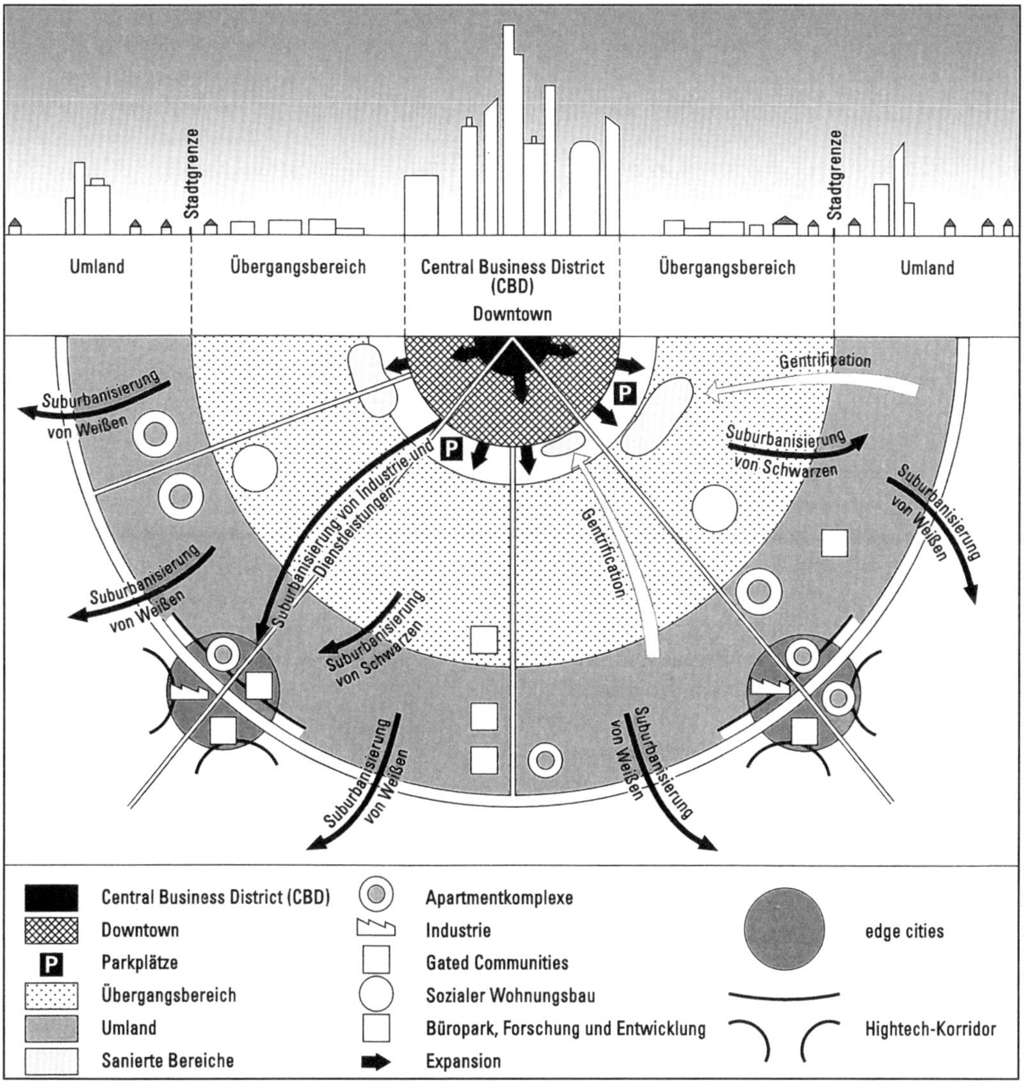

Abb. 3.15: Modell der modernen US-amerikanischen Stadt (nach HAHN 2002).

Schwellenländern der **Prozess der Metropolisierung** und der **Bildung von Megastädten** zu ähnlichen Erscheinungen führte wie in Asien und Afrika (vgl. 3.4.4; 3.4.5). Diese verschiedenen Stufen der Stadtentwicklung und der Ausformung neuer Strukturen wurden vielfach von deutschen Geographen analysiert und modellhaft dargestellt (vgl. WILHELMY 1952; BÄHR 1976; GORMSEN 1981; WILHELMY/BORSDORF 1984; WILHELMY/BORSDORF 1985; GORMSEN 1994; BÄHR/MERTINS 1995; Forschungsberichte in HOFMEISTER 1991; HEINEBERG 2001; BÄHR/JÜRGENS 2005; vgl. Abb. 3.16).

Strukturen der Kolonialzeit

Die Strukturen der Kolonialzeit finden sich heute noch vor allem in den weniger stark überformten Klein- und Mittelstädten. Sie entsprechen einem **Idealtyp der spanischen Kolonialstadt**, der auf Vorschriften zur Stadtpla-

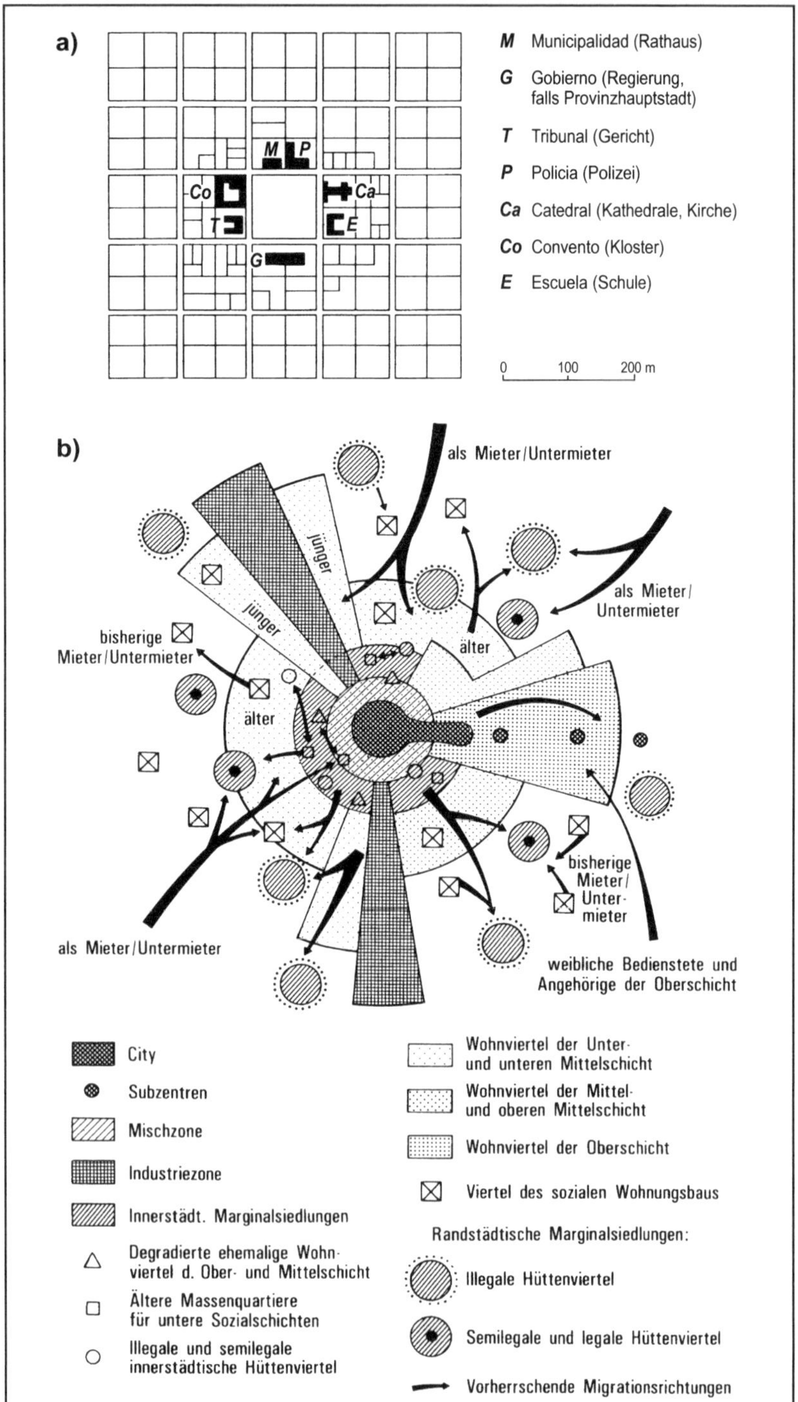

Abb. 3.16: Modell der lateinamerikanischen Stadt; a) Idealplan der spanischen Kolonialstadt; b) Modell der Großstadt des 20. Jahrhunderts (BÄHR/MERTINS 1995).

nung vom Ende des 16. Jahrhunderts zurückgeht. Das wichtigste Merkmal dieser spanischen Kolonialstadt war ein **regelmäßiger schachbrettförmiger Grundriss** mit Seitenlängen der Quadrate von rund 100 Metern und die Aufteilung der Quadrate in vier gleich große Teile. In der Stadtmitte blieb ein Quadrat unbebaut; es diente als öffentlicher Platz („**plaza**"). An den vier Seiten der plaza wurden die **wichtigsten öffentlichen Gebäude** errichtet (Rathaus, Kirche, Gericht, Schule usw.; vgl. Abb. 3.16a). In den anschließenden Quadraten des Stadtzentrums bauten die Familien der **Oberschicht** prächtige, oft palastartige Wohnhäuser, häufig in Patioform, d.h. mit großen Innenhöfen. Die Angehörigen der **mittleren und unteren sozialen Schichten** siedelten in größerer Entfernung vom Zentrum zur Peripherie hin. Es bestand also ein **deutliches soziales Gefälle nach außen**. Märkte, Handwerk und Gewerbe wurden ebenfalls am Stadtrand angesiedelt. In einem **äußersten Ring** am Rand der Städte lagen **Hüttensiedlungen der Indianer** als unterster Sozialschicht. Bähr (1976, S. 126) stellte bezüglich der Gliederung in konzentrischen Kreisen Ähnlichkeiten mit dem **Strukturmodell** von Burgess fest (vgl. 3.5.1), jedoch mit dem Unterschied eines **umgekehrten Sozialgradienten**. Dieser wird vor allem mit der von innen nach außen abnehmenden Qualität der städtischen Infrastruktur – ähnlich wie bei den Städten in heutigen Entwicklungsländern – erklärt.

Entwicklungen des 19./20. Jh.

Die neuere Entwicklung der lateinamerikanischen Städte (vgl. 3.16b) ist durch die Überlagerung der überkommenen Strukturen durch die Entwicklungen des 19. und 20. Jahrhunderts gekennzeichnet (vgl. Rothfuss/Gamerith 2007). **Ausgangspunkt** der neuen Entwicklungsprozesse waren in der Regel der **Eisenbahnbau** und die **Motorisierung des Straßenverkehrs**. Entlang der auf diese Weise entstandenen Verkehrsachsen kam es zur **Ansiedlung von Großhandel, Handwerk und ersten Industrien**, aber auch zur **Errichtung von Arbeiterwohnsiedlungen**. Durch die vielfach zu beobachtende **Abwanderung der sozialen Mittel- und Oberschicht aus den Zentren** in neue Viertel an der Peripherie, meist im Zusammenhang mit einer City-Bildung, mit dem Eindringen von Unterschichtangehörigen in sanierungsbedürftige innerstädtische Quartiere und mit der Verbesserung der Verkehrsverhältnisse (Schnellstraßen in das Zentrum), **kehrte sich der Sozialgradient** in die Richtung **um**, die auch in Nordamerika vorherrscht. Die ringförmige Struktur wurde also **durch sektorale Elemente** und durch „zellenförmige Stadterweiterungen" (Bähr/Jürgens 2005, S. 273) **ergänzt**; es kam zu einem zunehmenden Gegensatz zwischen „reichen" und „armen" Stadtvierteln.

Aktuelle Entwicklungen

In der Gegenwart sind neue Strukturformen vor allem für die **Rand- und Umlandbereiche** der in aller Regel rasch wachsenden Städte charakteristisch. Sie reichen von **Marginalsiedlungen** (informelle Hüttensiedlungen) armer Zuwanderer aus ländlichen Regionen über großflächige Siedlungen des öffentlichen oder privaten **Geschosswohnungsbaus** bis zu privatwirtschaftlich erschlossenen Wohnsiedlungen, die in Form von Einfamilien- oder Apartmenthäusern als abgeschottete „gated communities" („**barrios cerrados**") ihren meist der sozialen Oberschicht angehörigen Bewohnern das Gefühl der Sicherheit und des Wohnens unter ihresgleichen geben (vgl. 3.1.3.1). Zu den neuen Strukturelementen gehören aber auch Industrieparks, Bürostandorte, Einkaufszentren, Freizeiteinrichtungen usw. Bähr und Jürgens (2005, S. 276) sehen „Fragmentierung als das dominante Prinzip der gegenwärtigen Stadtentwicklung", d.h. **Entmischung funktionaler und sozialräumlicher Elemente**, die sich besonders in den Groß- und Megastädten oft hermetisch gegeneinander abschotten.

3.5.2.4 Die orientalisch-islamische Stadt

Historische vs. neuzeitliche Strukturen

Auch für die Stadt des islamisch geprägten Orients gilt in mancher Hinsicht das für Lateinamerika Ausgeführte: Es muss unterschieden werden zwischen dem **Modell der traditionellen Stadt** des Mittelalters sowie der frühen Neuzeit und den **modernen Strukturelementen** aus dem 19. und 20. Jahrhundert, die die Städte in unterschiedlich intensiver Weise überformt haben. Entsprechende Forschungen stammen u.a. von DETTMANN (1969), WIRTH (1975; 1982; 2001), SEGER (1975) und EHLERS (1993). ESCHER (2001) hat zuletzt am Beispiel von Damaskus und Marrakech auf die neueren Veränderungen der Stadtstruktur hingewiesen.

Ältere Strukturelemente

Zu den älteren Strukturelementen gehört die **typische Grundrissform**. Neben einigen wenigen Hauptdurchgangsstraßen dominieren Sackgassen, wodurch eine **strikte Trennung von Öffentlichkeit** (Verkehrswege) **und Privatheit** (Wohnungen) erreicht wird (vgl. Abb. 3.17). Nach WIRTH ist diese Trennung das wichtigste Charakteristikum der orientalischen Stadt. Den Durchgangsstraßen als öffentlichem Bereich steht die individuelle Intimsphäre des privaten Hauses gegenüber – in der Regel ein- bis zweigeschossig mit fensterlosen Außenwänden und Öffnung zum Innenhof. Die **Sackgassen** nehmen eine **Mittelstellung als gemeinsamer Privatbesitz der Anlieger** ein (vgl. WIRTH 2001, S. 525; 332). Typisch ist auch die **strenge Segregation der Stadtviertel** nach Nationen, Religionen, Konfessionen, evtl. nach Sippen-, Stammes- und Sprachgemeinschaften. Hier finden sich deutliche Parallelen zu den „gated communities" in anderen Kulturräumen.

Ein weiteres typisches Strukturelement der orientalischen Stadt ist der **Basar** (Bazar, Suq). Er ist der **historische zentrale Geschäftsbereich** der Stadt praktisch ohne Wohnbevölkerung, in dem – meist in altem Baubestand – in weitgehend überdachten Gassen Einzelhändler, Großhändler und Handwerker arbeiten und ihre Waren anbieten. Dabei besteht eine doppelte räumliche Ordnung: einerseits eine **Sortierung nach Branchen**, die in enger Nachbarschaft von Handel und Handwerk jeweils in bestimmten Gassen vertreten sind, andererseits eine Aufteilung nach Standorten unterschiedlicher **Kundenfrequenz** (Einzelhandel in den Haupt-, Handwerk eher in den Nebengassen). An einem herausgehobenen Platz innerhalb der Altstadt liegt auch die Hauptmoschee mit entsprechenden Nebengebäuden. In größeren Städten haben sich schon früh **Subzentren** mit kleineren Basaren und Nebenmoscheen entwickelt.

Neuere Entwicklungen

Die Veränderungen im Sinne von Modernisierung, „Verwestlichung" und Europäisierung begannen im 19. und im frühen 20. Jahrhundert zuerst dort, wo **europäische Kolonialmächte** auftraten (Franzosen und Briten in Nordafrika und Vorderasien, Russen in Zentralasien). In den nicht kolonisierten Ländern hielten sich die historischen Strukturen zum Teil bis nach dem Zweiten Weltkrieg relativ unverändert (Iran, Saudi-Arabien, Jemen u.a.). Der westeuropäische Einfluss äußerte sich vor allem darin, dass sich neben dem traditionellen Basar durch die **Entwicklung einer City** nach europäisch-

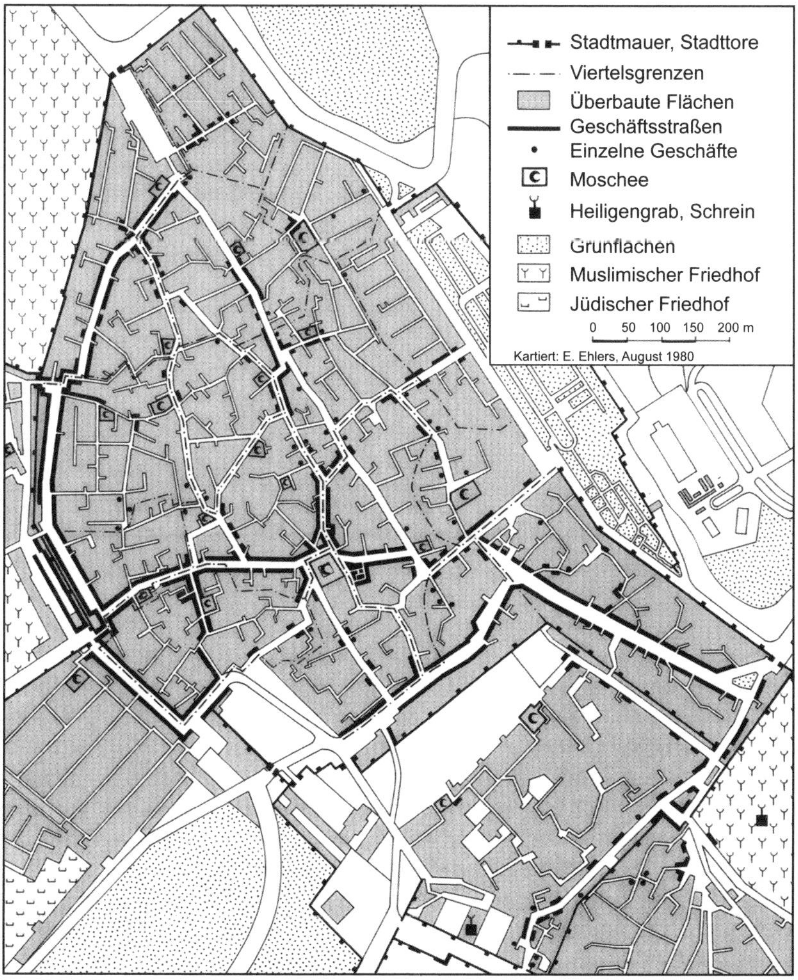

Abb. 3.17: Meknes (Marokko) als Beispiel für eine alt-orientalische Stadt (EHLERS 1984).

nordamerikanischem Muster (CBD) ein **zweites Geschäftszentrum** ausbildete. SEGER (1975) beschrieb diese Struktur einer zweipoligen Stadt am Beispiel von Teheran. Einen ähnlichen Prozess kann man in vielen nordafrikanischen Städten beobachten (z. B. in Marokko und Tunesien). Vielfach hat hier die moderne City inzwischen die **Hauptversorgungsfunktion** übernommen; sie ist in der Regel auch der Standort von Verwaltungsfunktionen, von Bildungs- und Sozialeinrichtungen, und im Bereich des Einzelhandels siedeln sich hier die internationalen Konzerne an. Der alte Basar gerät gelegentlich bereits in die Gefahr, zur reinen **Touristenattraktion** zu mutieren.

Die dualistische Struktur aufgrund moderner „westlicher" Einflüsse bezieht sich auch auf die Wohnfunktion. **Um die Altstädte** erstreckt sich heute häufig eine Zone **mehrgeschossiger Mietshäuser**; daneben entstanden, vor allem in **landschaftlich attraktiven Umlandbereichen**, **Villenvororte** für die soziale Oberschicht. Die traditionellen Strukturen der innerstädtischen Wohngebiete lösen sich vielfach auf und es kommt in vielen Städten zur **Entwicklung von Slums** mit Bewohnern der unteren sozialen Schichten. Auch das **produzierende Gewerbe** ist infolge von Modernisierung und Flächenausweitung dabei, die traditionellen Basar-Standorte zu verlassen. **Industrien** – in den orientalischen Ländern eine eher junge Erscheinung – siedeln sich vorzugsweise entlang der **Ausfallstraßen** vor den Städten an.

Ausblick

Wie schon zu Beginn aufgezeigt wurde (Kap. 1), hat sich die Stadtgeographie – in Zusammenarbeit mit den weiteren Teildisziplinen der Stadtforschung – in den letzten Jahren **in viele einzelne inhaltliche Stränge ausdifferenziert** und weiterentwickelt. Hierbei standen und stehen heute vor allem die **prozesshaften Elemente** der Stadt im Vordergrund, während Strukturuntersuchungen und Modellbildungen eher zurückgetreten sind. Angesichts der rasch voranschreitenden Entwicklungen in der globalisierten Kultur- und Wirtschaftslandschaft dürfte die Tendenz anhalten, sich insbesondere mit aktuellen und auch **politisch relevanten Fragestellungen** zu beschäftigen. Beispielhaft für Themen, denen sich die Stadtgeographie wohl auch in den nächsten Jahren bevorzugt widmen wird, seien genannt aus dem Bereich der **europäisch-nordamerikanischen Industrieländer**

- die **sozialen Probleme und ihre Auswirkungen**, die durch starke Einkommensunterschiede sowie zunehmende Migration und damit wachsende Heterogenität der Stadtbevölkerung – durch verstärkte Segregation hin zur „fragmentierten Stadt" – entstehen,
- die sozialen, aber auch **städtebaulichen und infrastrukturellen Fragen**, die der demographische Wandel aufwirft mit anhaltenden Geburtendefiziten, steigenden Anteilen der älteren Generationen an der Stadtbevölkerung und in vielen Fällen mit schrumpfenden Einwohnerzahlen,

aus dem Bereich der **Entwicklungsländer**

- die anhaltende **„Überverstädterung"** und das Wachsen der Megacities mit ihren sozialen und ökonomischen Problemen, die bei weiterem starken Bevölkerungswachstum – für das kurz- bis mittelfristig kein Ende abzusehen ist – kaum lösbar erscheinen.

Da nach allen Prognosen weltweit der **Anteil der Menschen, die in Städten wohnen**, auch weiterhin **ansteigen wird**, steht die eher noch wachsende Bedeutung der Wissenschaften, die sich mit den Städten beschäftigen, wohl außer Zweifel.

Literaturverzeichnis

ARL – AKADEMIE FÜR RAUMFORSCHUNG UND LANDESPLANUNG (Hrsg.) (1983): Grundriß der Stadtplanung. Hannover.

ARL – AKADEMIE FÜR RAUMFORSCHUNG UND LANDESPLANUNG (Hrsg.) (1984): Agglomerationsräume in der Bundesrepublik Deutschland. Ein Modell zur Abgrenzung und Gliederung. Hannover (= Forschungs- und Sitzungsberichte der Akademie für Raumforschung und Landesplanung, Bd. 157).

AUERBACH, F. (1913): Das Gesetz der Bevölkerungskonzentration. In: Petermanns Geographische Mitteilungen, Bd. 59, H. 2, S. 74–76.

BADE, F.-J.; SPIEKERMANN, K. (2001): Arbeit und Berufsverkehr – das tägliche Pendeln. In: INSTITUT FÜR LÄNDERKUNDE (Hrsg.): Nationalatlas Bundesrepublik Deutschland. Bd. 9: Verkehr und Kommunikation. Heidelberg, Berlin, S. 78–79.

BÄHR, J. (1976): Neuere Entwicklungstendenzen lateinamerikanischer Großstädte. In: Geographische Rundschau, Jg. 28, H. 4, S. 125–133.

BÄHR, J. (2004): Bevölkerungsgeographie. 4. Aufl., Stuttgart (= UTB 1249).

BÄHR, J.; JÜRGENS, U. (2005): Stadtgeographie II: Regionale Stadtgeographie. Braunschweig (= Das Geographische Seminar).

BÄHR, J.; MERTINS, G. (1995): Die lateinamerikanische Großstadt. Verstädterungsprozesse und Stadtstrukturen. Darmstadt (= Erträge der Forschung, Bd. 288).

BALE, J. (1981): The Location of Manufacturing Industry. An Introductory Approach. 2nd ed., Edinburgh.

BAYERISCHES STAATSMINISTERIUM DES INNERN (Hrsg.) (1974): Stadt-Umland-Gutachten Bayern. Gutachten der Sachverständigenkommission zur Untersuchung des Stadt-Umland-Problems in Bayern. München.

BEAVERSTOCK, J. V.; SMITH, R. G.; TAYLOR, P. J. (2000): World-City Network: A New Metageography? In: Annals of the Association of American Geographers, Vol. 90, S. 123–134.

BERRY, B. (1961): City size distribution and economic development. In: Economic Development and Cultural Change, Vol. 9, S. 573–588.

BLOTEVOGEL, H. H. (1996): Zentrale Orte: Zur Karriere und Krise eines Konzepts in Geographie und Raumplanung. In: Erdkunde, Bd. 50, H. 1, S. 9–25.

BLUME, H. (1987): USA. Eine geographische Landeskunde. I Der Großraum in strukturellem Wandel. 3. Aufl., Darmstadt (= Wissenschaftliche Länderkunden, Bd. 9).

BOBEK, H. (1927): Grundfragen der Stadtgeographie. In: Geographischer Anzeiger, Bd. 28, H. 4, S. 213–224.

BOBEK, H. (1938): Über einige funktionelle Stadttypen und ihre Beziehungen zum Lande. In: Comptes rendus du Congrès international de Géographie, T. II, Sect. III, 3, S. 88–102. Nachdruck in: SCHÖLLER, P. (Hrsg.) (1969): Allgemeine Stadtgeographie. Darmstadt (= Wege der Forschung, Bd. CLXXXI), S. 269–288.

BOBEK, H. (1957): Gedanken über das logische System der Geographie. In: Mitteilungen der Österreichischen Geographischen Gesellschaft, Jg. 99, H. 2/3, S. 122–145.

BOBEK, H. (1959): Die Hauptstufen der Gesellschafts- und Wirtschaftsentfaltung in geographischer Sicht. In: Die Erde, Bd. 90, H. 4, S. 259–298.

BÖRDLEIN, R. (2000): Regionalreform Rhein-Main. In: Standort, Jg. 24, H. 2, S. 11–17.

BORSDORF, A. (1999): Geographisch denken und wissenschaftlich arbeiten: eine Einführung in die Geographie und in Studientechniken. Gotha, Stuttgart (= Perthes GeographieKolleg).

BORSDORF, A. (2002): Vor verschlossenen Türen – Wie neu sind die Tore und Mauern in lateinamerikanischen Städten? Eine Einführung. In: Geographica Helvetica, Jg. 57, H. 4, S. 238–244.

BOSE, M. (2001): Raumstrukturelle Konzepte für Stadtregionen. In: BRAKE, K.; DANGSCHAT, J.; HERFERT, G. (Hrsg.): Suburbanisierung in Deutschland. Opladen, S. 247–260.

BOUSTEDT, O. (1967): Die Stadtregionen in der Bundesrepublik Deutschland im Jahre 1961. In: AKADEMIE FÜR RAUMFORSCHUNG UND LANDESPLANUNG (Hrsg.): Stadtregionen in der Bundesrepublik Deutschland 1961. Hannover (= Forschungs- und Sitzungsberichte der Akademie für Raumforschung und Landesplanung, Bd. XXXII), S. 1–24.

BOUSTEDT, O. (1970): Stadtregionen. In: AKADEMIE FÜR RAUMFORSCHUNG UND LANDESPLANUNG (Hrsg.): Handwörterbuch der Raumforschung und Raumordnung. III. Re–Z. 2. Aufl., Hannover, Sp. 3207–3237.

BRAKE, K.; DANGSCHAT, J.; HERFERT, G. (Hrsg.) (2001): Suburbanisierung in Deutschland. Opladen.

BREITLING, P. (1970): Charta von Athen. In: AKADEMIE FÜR RAUMFORSCHUNG UND LANDESPLANUNG (Hrsg.): Handwörterbuch der Raumforschung und Raumordnung, Band I. 2. Aufl., Hannover, Sp. 398–403.

BREITUNG, W.; SCHNEIDER-SLIWA, R. (1997): Hongkong vor neuen Herausforderungen. In: Geographische Rundschau, Jg. 49, H. 7–8, S. 441–449.

BRONGER, D. (1989): Die Metropolisierung der Erde. Ausmaß – Dynamik – Ursachen. In: Geographie und Schule, H. 61, S. 2–13.

BRONGER, D. (1996): Megastädte. In: Geographische Rundschau, Jg. 48, H. 2, S. 74–81.

BRONGER, D. (1997): Wachstum der Megastädte im 20. Jahrhundert. In: Petermanns Geographische Mitteilungen, Jg. 141, H. 3, S. 221–224.

BRONGER, D. (2004): Metropolen – Megastädte – Global Cities. Die Metropolisierung der Erde. Darmstadt.

BUNDESAMT FÜR BAUWESEN UND RAUMORDNUNG (Hrsg.) (2005): Raumordnungsbericht 2005. Bonn (= Berichte, Bd. 21).

BURGESS, E. W. (1925): The Growth of the City: An Introduction to a Research Project. In: PARK, R. et al. (eds.): The City. Chicago, S. 47–62.

BUSCH, P. (1965): Zur Siedlungsstruktur der Stadt Wanne-Eickel. In: GESELLSCHAFT FÜR GEOGRAPHIE UND GEOLOGIE BOCHUM (Hrsg.): Bochum und das mittlere Ruhrgebiet. Paderborn (= Bochumer Geographische Arbeiten, H. 1), S. 177–186.

BUTZIN, B. (1986): Zentrum und Peripherie im Wandel. Erscheinungsformen und Determinanten der „Counterurbanization" in Nordeuropa und Kanada. Paderborn (= Münstersche Geographische Arbeiten, H. 23).

CAROL, H. (1960): The Hierarchy of Central Functions within the City. In: Annals of the Association of American Geographers, Vol. 50, S. 419–438.

CHRISTALLER, W. (1933): Die zentralen Orte in Süddeutschland. Jena.

CIMA-STADTMARKETING (Hrsg.) (2007): Gemeinsam sind wir stark!? Thematische Städtekooperationen. In: cima-direkt, H. 2, S. 29–33.

COY, M.; PÖHLER, M. (2002): Condomínios fechados und die Fragmentierung der brasilianischen Stadt. Typen – Akteure – Folgewirkungen. In: Geographica Helvetica, Jg. 57, H. 4, S. 264–277.

DECKER, H. (1984): Standortverlagerungen der Industrie in der Region München. Kallmünz (= Münchner Studien zur Sozial- und Wirtschaftsgeographie, Bd. 25).

DEITERS, J. (1996): Ist das Zentrale-Orte-System als Raumordnungskonzept noch zeitgemäß? In: Erdkunde, Bd. 50, H. 1, S. 26–34.

DEITERS, J. (2006): Von der Zentralitätsforschung zur geographischen Handelsforschung – Neuorientierung oder Paradigmenwechsel in der Wirtschafts- und Sozialgeographie? In: Die Erde, Jg. 137, H. 4, S. 293–317.

DETTMANN, K. (1969): Islamische und westliche Elemente im heutigen Damaskus. In: Geographische Rundschau, Jg. 21, H. 2, S. 64–68.

DÖRRIES, H. (1930): Der gegenwärtige Stand der Stadtgeographie. In: Petermanns Geographische Mitteilungen, Erg.-H. 209, S. 310–325.

EHLERS, E. (1984): Zur baulichen Entwicklung und Differenzierung der marokkanischen Stadt: Rabat – Marrakech – Meknes. In: Die Erde, Jg. 115, H. 1, S. 183–208.

EHLERS, E. (1993): Die Stadt des Islamischen Orients. Modell und Wirklichkeit. In: Geographische Rundschau, Jg. 45, H. 1, S. 32–39.

EIZENHÖFER, R.; LINK, A. (2005): Sun City in Deutschland – ein seniorenspezifisches Wohnmodell mit Zukunft? Möglichkeiten und Grenzen der Übertragbarkeit des amerikanischen Wohnmodells auf Deutschland. Kaiserslautern (= Materialien zur Regionalentwicklung und Raumordnung, Bd. 14).

ENNEN, E. (1963): Zur Typologie des Stadt-Land-Verhältnisses im Mittelalter. In: Studium Generale, Bd. 16, S. 445–456.

ESCHER, A. (2001): Globalisierung in den Altstädten von Damaskus und Marrakech? In: ROGGENTHIN, H. (Hrsg.): Stadt – der Lebensraum der Zukunft? Gegenwärtige raumbezogene Prozesse in Verdichtungsräumen der Erde. Mainz (= Mainzer Kontaktstudium Geographie, Bd. 7), S. 23–38.

FASSMANN, H. (2004): Stadtgeographie I: Allgemeine Stadtgeographie. Braunschweig (= Das Geographische Seminar).

FAWCETT, C. B. (1932): Distribution of the urban population in Great Britain 1931. In: Geographical Journal, Vol. 79, S. 100–117.

FRIEDRICHS, J. (1983): Stadtanalyse. 3. Aufl., Opladen.

FRIEDRICHS, J. (1995): Stadtsoziologie. Opladen.

FRIEDRICHS, J.; ROHR, H.-G. VON (1975): Ein Konzept der Suburbanisierung. In: AKADEMIE FÜR RAUMFORSCHUNG UND LANDESPLANUNG (Hrsg.): Beiträge zum Problem der Suburbanisierung. Hannover (= Forschungs- und Sitzungsberichte, Bd. 102), S. 25–37.

FYFE, N. R.; KENNY, J. T. (Hrsg.) (2005): The Urban Geography Reader. London/New York.

GAEBE, W. (1987): Verdichtungsräume. Stuttgart (= Teubner Studienbücher der Geographie).

GAEBE, W. (1989): Weltstadt London. In: Mitteilungen der Österreichischen Geographischen Gesellschaft, Jg. 131, S. 93–108.

GAEBE, W. (2004): Urbane Räume. Stuttgart (= UTB 2511).

GANS, P. (2005): Stadt und Umland: Entwicklungen, Probleme und Gestaltungsmöglichkeiten. In: Geographische Rundschau, Jg. 57, H. 3, S. 10–18.

GANS, P.; PRIEBS, A.; WEHRHAHN, R. (Hrsg.) (2006): Kulturgeographie der Stadt. Kiel (= Kieler Geographische Schriften, Bd. 111).

GATZWEILER, H.-P. (1993): Metropolen oder Mittelstädte? Siedlungspolitik für Agglomerationsräume in den 90er Jahren. In: Raumforschung und Raumordnung, Jg. 51, H. 4, S. 175–184.

GEDDES, P. (1915): Cities in Evolution. London.

GERHARD, U. (2001): Shopping and leisure: New patterns of consumer behaviour in Canada and Germany. In: Die Erde, Jg. 132, H. 2, S. 205–220.

GERHARD, U. (2004): Global Cities – Anmerkungen zu einem aktuellen Forschungsfeld. In: Geographische Rundschau, Jg. 56, H. 4, S. 4–10.

GORMSEN, E. (1981): Die Städte in Spanisch-Amerika; ein zeit-räumliches Entwicklungsmodell der letzten hundert Jahre. In: Erdkunde, Jg. 35, H. 4, S. 290–303.

GORMSEN, E. (1994): Die Stadt in Lateinamerika: Vom kolonialen Ordnungsschema zum Chaos der Megalopolis. In: JANIK, D. (Hrsg.): Die langen Folgen der kurzen Conquista. Auswirkungen der spanischen Kolonisierung Amerikas bis heute. Frankfurt am Main, S. 9–47.

GOTTMANN, J. (1961): Megalopolis. The urbanized north-eastern seaboard of the United States. New York.

GRÖTZBACH, E. (1963): Geographische Untersuchung über die Kleinstadt der Gegenwart in Süddeutschland. Kallmünz (= Münchener Geographische Hefte, H. 24).

HAAS, H.-D.; NEUMAIR, S.-M. (2007): Wirtschaftsgeographie. Darmstadt (= Geowissen kompakt).

HAGGETT, P. (1983): Geographie. Eine moderne Synthese. New York.

HAHN, B. (1996): Schwarze in den USA. Entwicklungstrends und regionale Disparitäten 30 Jahre nach der Bürgerrechtsbewegung. In: Geographische Rundschau, Jg. 48, H. 4, S. 228–232.

HAHN, B. (2001): Erlebniseinkauf und Urban Entertainment Centers – Neue Trends im US-amerikanischen Einzelhandel. In: Geographische Rundschau, Jg. 53, H. 1, S. 19–25.

HAHN, B. (2004): New York, Chicago, Los Angeles – Global Cities im Wettbewerb. In: Geographische Rundschau, Jg. 56, H. 4, S. 12–18.

HAHN, R. (2002): USA. 3. Aufl., Gotha (= Perthes-Länderprofile).

HARRIS, C. D. (1943): A Functional Classification of Cities in the United States. In: The Geographical Review, Vol. XXXIII, S. 86–99.

HARRIS, C. D.; ULLMAN, E. L. (1945): The Nature of Cities. In: Annals of the American Academy of Political and Social Science, Philadelphia, Vol. 242, S. 7–17.

HARTKE, S. (1984): Struktur- und Funktionswandel von Mittelstädten in peripheren ländlichen Räumen. In: Informationen zur Raumentwicklung, H. 5, S. 411–425.

HASSERT, K. (1907): Die Städte geographisch betrachtet. Leipzig.

HAUSER, J. A. (1991): Bevölkerungs- und Umweltprobleme der Dritten Welt. Band 2. Bern, Stuttgart (= UTB 1569).

HÄUßERMANN, H. (Hrsg.) (2000): Großstadt. Soziologische Stichworte. Opladen.

HEINEBERG, H. (2001): Stadtgeographie. 2. Aufl., Paderborn u. a. (= UTB 2166).

HEINEBERG, H. (2006): Geographische Stadtmorphologie in Deutschland im internationalen und interdisziplinären Rahmen. In: GANS, P. et al. (Hrsg.): Kulturgeographie der Stadt. Kiel (= Kieler Geographische Schriften, Bd. 111), S. 1–33.

HEINEBERG, H. (2007): Die Global City London im Rahmen der Weltwirtschaftsentwicklung. In: Geographie und Schule, H. 165, S. 9–18.

HEINEBERG, H.; HEINRITZ, G.; LANGE, N. DE (1987): Der Dienstleistungssektor in zentralen Standorträumen von Regionalmetropolen – Die Beispiele München und Düsseldorf im Vergleich zu den Oberzentren Dortmund und Münster. In: MAYR, A.; WEBER, P. (Hrsg.): 100 Jahre Geographie an der Westfälischen Wilhelms-Universität Münster (1885–1985). Paderborn (= Münstersche Geographische Arbeiten, H. 26), S. 211–238.

HEINRITZ, G. (1979): Zentralität und zentrale Orte. Stuttgart (= Teubner Studienbücher der Geographie).

HEINRITZ, G. (1989): Der „Wandel im Handel" als raumrelevanter Prozeß. In: GEOGRAPHISCHES INSTITUT DER TECHNISCHEN UNIVERSITÄT MÜNCHEN (Hrsg.): Geographische Untersuchungen zum Strukturwandel im Einzelhandel. Kallmünz (= Münchener Geographische Hefte, H. 63), S. 15–128.

HEINRITZ, G. (1991): Nutzungsabfolgen an Einzelhandelsstandorten in Geschäftsgebieten unterschiedlicher Wertigkeit. In: Erdkunde, Bd. 45, H. 2, S. 119–127.

HELBRECHT, I. (1996): Stadtstrukturen in Kanada und den USA im Vergleich. In: Erdkunde, Jg. 50, H. 3, S. 238–251.

HOFMEISTER, B. (1971): Stadt und Kulturraum Angloamerika. Braunschweig.

HOFMEISTER, B. (1991): Die Stadtstruktur. Ihre Ausprägung in den verschiedenen Kulturräumen der Erde. 2. Aufl., Darmstadt (= Erträge der Forschung 132).

HOFMEISTER, B. (1999): Stadtgeographie. 7. Aufl., Braunschweig (= Das Geographische Seminar).

HOLZNER, L. (1970): Urbanism in Southern Africa. In: Geoforum, H. 4, S. 75–90.

HOLZNER, L. (1971): Soweto-Johannesburg, Beispiel einer südafrikanischen Bantustadt. In: Geographische Rundschau, Jg. 23, H. 6, S. 209–222.

HOLZNER, L. (1990): Stadtland USA. In: Geographische Rundschau, Jg. 42, H. 9, S. 468–475.

HOLZNER, L. (1996): Stadtland USA: Die Kulturlandschaft des American Way of Life. Gotha (= Petermanns Geographische Mitteilungen, Erg.-H. 291).

HOYLER, M. (2004): London und Frankfurt als Weltstädte – Globale Dienstleistungszentren zwischen Kooperation und Wettbewerb. In: Geographische Rundschau, Jg. 56, H. 4, S. 26–31.

HOYT, H. (1939): The Structure and Growth of Residential Neighborhoods in American Cities. Washington D.C.

HÜBSCHMANN, E. (1952): Die Zeil. Sozialgeographische Studie über eine Straße. Frankfurt am Main (= Frankfurter Geographische Hefte, H. 30).

INSTITUT FÜR LANDESKUNDE (1973): Kommunale Gebietsreform in den Ländern der Bundesrepublik Deutschland. In: Berichte zur deutschen Landeskunde, Bd. 47, H. 1, S. 5–47.

ISENBERG, G. (1970): Ballungsgebiete in der BRD. In: AKADEMIE FÜR RAUMFORSCHUNG UND LANDESPLANUNG (Hrsg.): Handwörterbuch der Raumforschung und Raumordnung. I, A–H. 2. Aufl., Hannover, Sp. 114–125.

JEFFERSON, M. (1939): The law of the primate city. In: Geographical Review, Vol. 2, S. 226–232.

JOB, H.; PAESLER, R.; VOGT, L. (2005): Geographie des Tourismus. In: SCHENK, W.; SCHLIEPHAKE, K. (Hrsg.): Allgemeine Anthropogeographie. Gotha, Stuttgart, S. 581–628.

JUNG, R. (1984): Rural-Urban Change – New Trends in Regional Development in the Federal Republic of Germany. In: HAMM, B. (ed.): Urban and Regional Sociology in Poland and West Germany. Bonn (= Seminare – Symposien – Arbeitspapiere, H. 14), S. 37–59.

KANITSCHEIDER, S. (2002): Condominios und fraccionamientos cerrados in Mexiko-Stadt – Sozialräumliche Segregation am Beispiel abgesperrter Wohnviertel. In: Geographica Helvetica, Jg. 57, H. 4, S. 253–267.

KLEIN, K. E. (1997): Wandel der Betriebsformen im Einzelhandel. In: Geographische Rundschau, Jg. 49, H. 9, S. 499–504.

KLEMM, K. (2004): Methoden von Orts- und Stadtbildanalysen. In: BECKER, CH. et al. (Hrsg.): Geographie der Freizeit und des Tourismus. 2. Aufl., München, Wien, S. 515–527.

KLINGBEIL, D. (1969): Zur sozialgeographischen Theorie und Erfassung des täglichen Berufspendelns. In: Geographische Zeitschrift, Jg. 57, H. 2, S. 108–131.

KLOHN, W. (1998): Die US-amerikanische Stadt im Wandel. In: Zeitschrift für den Erdkundeunterricht, Jg. 50, H. 4, S. 204–208.

KLUCZKA, G. (1970): Zentrale Orte und zentralörtliche Bereiche mittlerer und höherer Stufe in der Bundesrepublik Deutschland. Bonn-Bad Godesberg (= Forschungen zur deutschen Landeskunde, Bd. 194).

KOCH, J. (1975): Rentnerstädte in Kalifornien. Eine bevölkerungs- und sozialgeographische Untersuchung. Tübingen (= Tübinger Geographische Studien, H. 59).

KÖCK, H. (Hrsg.) (1992a): Städte und Städtesysteme. Köln (= Handbuch des Geographie-Unterrichts, Bd. 4).

KÖCK, H. (1992b): Raumsystem Stadt. In: KÖCK, H. (Hrsg.): Städte und Städtesysteme. Köln (= Handbuch des Geographie-Unterrichts, Bd. 4), S. 18–67.

KOLB, A. (1962): Die Geographie und die Kulturerdteile. In: LEIDLMAIR, A. (Hrsg.): Hermann-von-Wissmann-Festschrift. Tübingen, S. 42–49.

KOLL-SCHRETZENMAYR, M. (2007): „Wo, bitte, liegt denn die Glattalstadt?" In: disP, H. 1, S. 5–12.

KORCELLI, P. (1975): Theory of Intra-Urban Structure: Review and Synthesis. A Cross-Cultural Perspective. In: Geographia Polonica, Bd. 31, S. 99–131.

KRÄTKE, S. (2004): Berlin – Stadt im Globalisierungsprozess. In: Geographische Rundschau, Jg. 56, H. 4, S. 20–25.

KRÄTKE, S. (2006): Europas Stadtsystem zwischen Metropolisierung und Globalisierung. In: KULKE, E.; MONHEIM, H.; WITTMANN, P. (Hrsg.): GrenzWerte. Berlin, Leipzig, Trier (= 55. Deutscher Geographentag Trier 2005, Tagungsbericht und wissenschaftliche Abhandlungen), S. 109–118.

KREßE, J.-M. (1977): Die Industriestandorte in mitteleuropäischen Großstädten. Ein entwicklungsgeschichtlicher Überblick anhand der Beispiele Berlin sowie Bremen, Frankfurt, Hamburg, München, Nürnberg und Wien. Berlin (= Berliner Geographische Studien, Bd. 3).

KROß, E. (1975): Städtebauepochen im Geographieunterricht. In: ALTMANN, J. et al.: Unterrichtsmodelle zur Stadtgeographie – Sekundarstufe I. Stuttgart (= Der Erdkundeunterricht, Sonderheft 2), S. 40–62.

KÜHN, A. (1969): Aufgaben und Probleme der angewandten Stadtforschung. In: AKADEMIE FÜR RAUMFORSCHUNG UND LANDESPLANUNG (Hrsg.): Die Mittelstadt, 1. Teil: Beiträge zur vergleichenden Stadtforschung (= Forschungs- und Sitzungsberichte der Akademie für Raumforschung und Landesplanung, Bd. 52), S. 1–12.

KULKE, E. (1994): Auswirkungen des Standortwandels im Einzelhandel auf den Verkehr. In: Geographische Rundschau, Jg. 46, H. 5, S. 290–296.

KULKE, E. (1997): Einzelhandel in Europa. Merkmale und Entwicklungstrends des Standortsystems. In: Geographische Rundschau, Jg. 49, H. 9, S. 478–483.

KULKE, E. (1998): Einzelhandel und Versorgung. In: KULKE, E. (Hrsg.): Wirtschaftsgeographie Deutschlands. Gotha, Stuttgart (= Perthes GeographieKolleg), S. 162–182.

KULKE, E. (2005): Geographie von Dienstleistungen und Einzelhandel. In: SCHENK, W.; SCHLIEPHAKE, K. (Hrsg.): Allgemeine Anthropogeographie. Gotha, Stuttgart, S. 501–530.

KULKE, E.; NUHN, H.; JURCZEK, P. (1998): Dienstleistungen. In: KULKE, E. (Hrsg.): Wirtschaftsgeographie Deutschlands. Gotha, S. 157–266.

KULS, W.; KEMPER, F.-J. (2000): Bevölkerungsgeographie. 3. Aufl., Stuttgart, Leipzig (= Teubner Studienbücher der Geographie).

LANGE, N. DE (1980): Städtetypisierung in Nordrhein-Westfalen im raum-zeitlichen Vergleich 1961–1970 mit Hilfe multivariater Methoden – eine empirische Städtesystemanalyse. Paderborn (= Münstersche Geographische Arbeiten, H. 8).

LEISTER, I. (1970): Wachstum und Erneuerung britischer Industriegroßstädte. Wien u. a. (= Schriften der Kommission für Raumforschung der Österreichischen Akademie der Wissenschaften, Bd. 2).

LESER, H. (Hrsg.) (2005): DIERCKE Wörterbuch Allgemeine Geographie. 13. Aufl., München, Braunschweig (= dtv 3422).

LICHTENBERGER, E. (1970): The Nature of European Urbanism. In: Geoforum, H. 4, S. 45–62.

LICHTENBERGER, E. (1972): Die europäische Stadt Wesen, Modell, Probleme. In: Berichte zur Raumforschung und Raumplanung, Jg. 16, H. 1, S. 3–25.

LICHTENBERGER, E. (1975): Stadterneuerung in den USA. In: Berichte zur Raumforschung und Raumplanung, Jg. 19, H. 6, S. 3–16.

LICHTENBERGER, E. (1998): Stadtgeographie, Band 1: Begriffe, Konzepte, Modelle, Prozesse. 3. Aufl., Stuttgart, Leipzig (= Teubner Studienbücher der Geographie).

LICHTENBERGER, E. (2002): Die Stadt. Von der Polis zur Metropolis. Darmstadt.

LINDAUER, G. (1970): Beiträge zur Erfassung der Verstädterung in ländlichen Räumen. Stuttgart (= Stuttgarter Geographische Studien, Bd. 80).

ŁOBODA, J.; PAESLER, R. (1993): Der Urbanisierungsprozeß in Niederschlesien und Südbayern – Die neuere Entwicklung von Raumstrukturen in Regionen unterschiedlicher Wirtschafts- und Gesellschaftssysteme im Vergleich. In: Mitteilungen der Geographischen Gesellschaft in München, Bd. 78, S. 149–183.

MÄDING, H. (2001): Suburbanisierung und kommunale Finanzen. In: BRAKE, K. et al. (Hrsg.): Suburbanisierung in Deutschland. Opladen, S. 109–120.

MAIER, J.; BECK, R. (2000): Allgemeine Industriegeographie. Gotha, Stuttgart.

MAIER, J.; PAESLER, R.; RUPPERT, K.; SCHAFFER, F. (1977): Sozialgeographie. Braunschweig (= Das Geographische Seminar).

MANSHARD, W. (1992): The cities of tropical Africa. In: Colloquium Geographicum, Bd. 22, S. 76–88.

MÜLLER, G. (1970): Verdichtungsraum. In: AKADEMIE FÜR RAUMFORSCHUNG UND LANDESPLANUNG (Hrsg.): Handwörterbuch der Raumforschung und Raumordnung. III. Re–Z. 2. Aufl., Hannover, Sp. 3536–3545.

MURPHY, R. E.; VANCE, J. E. (1954): Delimiting the CBD. In: Economic Geography, Vol. 30, S. 189–222.

NELLNER, W. et al. (1984): Modell zur äußeren Abgrenzung und inneren Gliederung von Agglomerationsräumen. In: AKADEMIE FÜR RAUMFORSCHUNG UND LANDESPLANUNG (Hrsg.): Agglomerationsräume in der Bundesrepublik Deutschland. Hannover (= Forschungs- und Sitzungsberichte der Akademie für Raumforschung und Landesplanung, Bd. 157), S. 30–40.

NISSEL, H. (2004): Mumbai: Megacity im Spannungsfeld globaler, nationaler und lokaler Interessen. In: Geographische Rundschau, Jg. 56, H. 4, S. 55–60.

PAESLER, R. (1976): Urbanisierung als sozialgeographischer Prozeß – dargestellt am Beispiel südbayerischer Regionen. Kallmünz (= Münchner Studien zur Sozial- und Wirtschaftsgeographie, Bd. 12).

PANGELS, R. (2002): Erlebniseinkauf in der Innenstadt mit hoher Akzeptanz. In: Standort, Jg. 26, H. 1, S. 17–20.

PFEIL, E. (1972): Großstadtforschung. Entwicklung und gegenwärtiger Stand. 2. Aufl., Hannover (= Abhandlungen der Akademie für Raumforschung und Landesplanung, Bd. 65).

PLÖGER, J. (2006): Die nachträglich abgeschotteten Nachbarschaften in Lima (Peru). Eine Analyse sozialräumlicher Kontrollmaßnahmen im Kontext zunehmender Unsicherheiten. Kiel (= Kieler Geographische Schriften, Bd. 112).

POLENSKY, TH. (1974): Die Bodenpreise in Stadt und Region München – Räumliche Strukturmuster und Prozeßabläufe. Kallmünz (= Münchner Studien zur Sozial- und Wirtschaftsgeographie, Bd. 10).

POTTHOFF, K. E.; SCHNELL, P. (2000): Naherholung. In: INSTITUT FÜR LÄNDERKUNDE (Hrsg.): Nationalatlas Bundesrepublik Deutschland. Bd. 10: Freizeit und Tourismus. Heidelberg, Berlin, S. 46–47.

PRIEBS, A. (1996): Städtenetze als raumordnungspolitischer Handlungsansatz – Gefährdung oder Stütze des Zentrale-Orte-Systems? In: Erdkunde, Bd. 50, H. 1, S. 35–45.

RIEDNER, P. (1980): Die Geschäftsfunktion in ausgewählten Münchner Subzentren unter besonderer Berücksichtigung des Einzelhandels. München (= WGI-Berichte zur Regionalforschung, H. 15).

ROTHER, L. (1987): Geographie der städtischen Siedlungen. In: HAGEL, J. et al. (Hrsg.): Sozial- und Wirtschaftsgeographie 1 (= Harms Handbuch der Geographie). 2. Aufl., München, S. 237–339.

ROTHFUSS, E.; GAMERITH, W. (Hrsg.) (2007): Stadtwelten in den Americas. Passau (= Passauer Schriften zur Geographie, H. 23).

RUNKEL, P. (Hrsg.) (2007): Baugesetzbuch. 10. Aufl., Köln.

RUPPERT, K.; MAIER, J. (1970): Naherholungsraum und Naherholungsverkehr – Geographische Aspekte eines speziellen Freizeitverhaltens. In: RUPPERT, K.; MAIER, J. (Hrsg.): Zur Geographie des Freizeitverhaltens. Kallmünz (= Münchner Studien zur Sozial- und Wirtschaftsgeographie, Bd. 6), S. 55–77.

RUPPERT, K.; PAESLER, R. (1984): Raumorganisation in Bayern. Neue Strukturen durch Verwaltungsgebietsreform und Regionalgliederung. München (= WGI-Berichte zur Regionalforschung, H. 16).

RUPPERT, K.; SCHAFFER, F. (1973): Sozialgeographische Aspekte urbanisierter Lebensformen. Hannover (= Veröffentlichungen der Akademie für Raumforschung und Landesplanung, Abhandlungen, Bd. 68).

SASSEN, S. (1996): Metropolen des Weltmarkts. Die neue Rolle der Global Cities. Frankfurt, New York.

SASSEN, S. (2000): Die „Global City" – Einführung in ein Konzept und seine Geschichte. In: Mitteilungen der Österreichischen Geographischen Gesellschaft, Wien, Jg. 142, S. 193–214.

SCARGILL, D. I. (1979): The Form of Cities. London.

SCHAFFER, F. (1969): Untersuchungen zur sozialgeographischen Situation und regionalen Mobilität in neuen Großwohngebieten am Beispiel Ulm-Eselsberg. Kallmünz (= Münchener Geographische Hefte, H. 32).

SCHAFFER, F. (1972): Tendenzen städtischer Wanderungen. In: Mitteilungen der Geographischen Gesellschaft in München, Bd. 57, S. 127–158.

SCHELLER, J. P. (2002): Kooperations- und Organisationsformen für Stadtregionen – Modelle und ihre Umsetzungschancen. In: MAYR, A.; MEURER, M.; VOGT, J. (Hrsg.): Stadt und Region. Leipzig (= Tagungsbericht und wissenschaftliche Abhandlungen, 53. Deutscher Geographentag Leipzig), S. 692–700.

SCHLÜTER, O. (1906): Die Ziele der Geographie des Menschen. München.

SCHÖLLER, P. (1967): Die deutschen Städte. Wiesbaden (= Erdkundliches Wissen, H. 17).

SCHÖLLER, P. (Hrsg.) (1969): Allgemeine Stadtgeographie. Darmstadt (= Wege der Forschung, Bd. CLXXXI).

SCHWARZ, G. (1989a): Allgemeine Siedlungsgeographie. Teil 1: Die ländlichen Siedlungen – Die zwischen Land und Stadt stehenden Siedlungen. 4. Aufl., Berlin, New York (= Lehrbuch der Allgemeinen Geographie).

SCHWARZ, G. (1989b): Allgemeine Siedlungsgeographie. Teil 2: Die Städte. 4. Aufl., Berlin, New York (= Lehrbuch der Allgemeinen Geographie).

SEGER, M. (1975): Strukturelemente der Stadt Teheran und das Modell der modernen orientalischen Stadt. In: Erdkunde, Bd. 29, S. 21–38.

SEGER, M. (1979): Zum Dualismus der Struktur orientalischer Städte: das Beispiel Teheran. In: Mitteilungen der Österreichischen Geographischen Gesellschaft, Bd. 121, S. 129–159.

SIEVERTS, T. (2001): Zwischenstadt: zwischen Ort und Welt, Raum und Zeit, Stadt und Land. 3. Aufl., Basel u. a.

SMAILES, A. E. (1975): The Definition and Measurement of Urbanization. In: JONES, R. (ed.): Essays on World Urbanization. London, S. 1–18.

SPENGELIN, F. (1983): Ordnung der Stadtstruktur. In: AKADEMIE FÜR RAUMFORSCHUNG UND LANDESPLANUNG (Hrsg.): Grundriß der Stadtplanung. Hannover, S. 355–385.

STEWIG, R. (1983): Die Stadt in Industrie- und Entwicklungsländern. Paderborn u. a. (= UTB 1247).

TAYLOR, P. J. (2001): Visualizing a New Metageography: Explorations in World-City Space. Loughborough. (= Globalization and World Cities Study Group and Network, Research Bulletin, Vol. 31).

THIEME, G.; LAUX, H. D. (1996): Los Angeles – Prototyp einer Weltstadt an der Schwelle zum 21. Jahrhundert. In: Geographische Rundschau, Jg. 48, H. 2, S. 82–88.

THÜRAUF, G. (1975): Industriestandorte in der Region München. Geographische Aspekte des Wandels industrieller Strukturen. Kallmünz (= Münchner Studien zur Sozial- und Wirtschaftsgeographie, Bd. 16).

UHLIG, H. (1970): Organisationsplan und System der Geographie. In: Geoforum, Jg. 1, H. 1, S. 7–38.

UNITED NATIONS (Hrsg.) (2006): State of the World's Cities. The Millennium Goals and Urban Sustainability. New York.

VOOYS, A. C. DE (1968): Die Pendelwanderung, Typologie und Analyse. In: RUPPERT, K. (Hrsg.): Zum Standort der Sozialgeographie. Kallmünz (= Münchner Studien zur Sozial- und Wirtschaftsgeographie, Bd. 4), S. 99–107.

VOPPEL, G. (1970): Stadt als geographischer Begriff. In: AKADEMIE FÜR RAUMFORSCHUNG UND LANDESPLANUNG (Hrsg.): Handwörterbuch der Raumforschung und Raumordnung. Bd. III. 2. Aufl., Hannover, Sp. 3079–3089.

WAGSCHAL, U. (2007): Die demographische Herausforderung – Problemlagen im globalen Vergleich. In: FERDOWSI, M. A. (Hrsg.): Weltprobleme. 6. Aufl., München, S. 283–313.

WHITE, P. (1984): The West European City: A Social Geography. London, New York.

WILHELMY, H. (1952): Südamerika im Spiegel seiner Städte. Hamburg.

WILHELMY, H.; BORSDORF, A. (1984): Die Städte Südamerikas, Teil 1: Wesen und Wandel. Berlin (= Urbanisierung der Erde 3/1).

WILHELMY, H.; BORSDORF, A. (1985): Die Städte Südamerikas, Teil 2: Die urbanen Zentren und ihre Regionen. Berlin (= Urbanisierung der Erde 3/2).

WIRTH, E. (1968): Strukturwandlungen und Entwicklungstendenzen der orientalischen Stadt. In: Erdkunde, Bd. 22, S. 101–128.

WIRTH, E. (1975): Die orientalische Stadt. Ein Überblick aufgrund jüngerer Forschungen zur materiellen Kultur. In: Saeculum, Jg. 26, H. 1, S. 45–94.

WIRTH, E. (1982): Die orientalische Stadt. Spezifische Besonderheiten der Städte Nordafrikas und Vorderasiens aus der Sicht der Geographie. In: FÖRDERERGEMEINSCHAFT DES COLLEGIUM ALEXANDRINUM (Hrsg.): Forschungen in Erlangen. Vortragsreihen des Collegium Alexandrinum der Universität Erlangen-Nürnberg. Erlangen, S. 74–79.

WIRTH, E. (2001): Die orientalische Stadt im islamischen Vorderasien und Nordafrika. Städtische Bausubstanz und räumliche Ordnung, Wirtschaftsleben und soziale Organisation. 2 Bde. Mainz.

WIRTH, L. (1964): Rural-Urban Differences. In: REISS JR., A. J. (ed.): On Cities and Social Life. Chicago, S. 221–225.

WOLF, K. (1971): Geschäftszentren. Nutzung und Intensität als Maß städtischer Größenordnung. Frankfurt am Main (= Rhein-Mainische Forschungen, H. 72).

ZEHNER, K. (2001): Stadtgeographie. Gotha, Stuttgart (= Perthes GeographieKolleg).

ZELINSKY, W. (1971): The Hypothesis of the Mobility Transition. In: The Geographical Review, Vol. LXI, S. 219–249.

Register